U1075753

油田企业岗位技能操作标准化培训教程

维修电工

蒲　军◎主编

中国石化出版社

图书在版编目（CIP）数据

维修电工 / 蒲军主编．—北京：中国石化出版社，2021.5
油田企业岗位技能操作标准化培训教程
ISBN 978-7-5114-6278-7

Ⅰ．①维…　Ⅱ．①蒲…　Ⅲ．①电工-维修-技术培训-教材　Ⅳ．①TM07

中国版本图书馆 CIP 数据核字（2021）第 090568 号

中国石化出版社出版发行
地址:北京市东城区安定门外大街 58 号
邮编:100011　电话:(010)57512500
发行部电话:(010)57512575
http://www.sinopec-press.com
E-mail:press@sinopec.com
北京柏力行彩印有限公司印刷
全国各地新华书店经销
*
787×1092 毫米 16 开本 11.5 印张 286 千字
2021 年 6 月第 1 版　2021 年 6 月第 1 次印刷
定价:69.00 元

编 委 会

前　　言

当前，中国石化西北油田分公司（以下简称“西北油田”）已迈入持续高质量发展的新征程。在改革发展的新起点、新征程上，人才是促进产业经济发展最重要的资源，因此要走好高质量发展之路，就必须对涵养好人才这一“源头活水”提出更高的要求。

为持续推进西北油田人才供给侧改革，全面实施人才强企工程和“3367”人才培养工程，本书为满足西北油田员工培训、职业技能鉴定、职业技能竞赛、验证式考核的实际需求，结合西北油田技能人才队伍建设规划，人力资源部及西北石油职业技能鉴定站以通用性、技术性、先进性、安全性、可操作性为原则，组织采油一厂、采油二厂、采油三厂、雅克拉采气厂编写了《油田企业岗位技能操作标准化培训教程》，对进一步提高技能操作人员专业知识和专业能力，打造一支适应新形式下油公司发展目标的技能人才队伍，不断提升技能人才能力素质，具有较强的现场实际操作性指导作用。

本书的编写以“国家石油石化行业职业资格标准”为依据，同时结合西北油田现场生产运行、装备技术更新等实际情况，与公开出版的《石油石化职业技能培训教程》保持一致。培训教程内容包含初级工、中级工、高级工各级别操作标准，既可以用于员工岗前技能培训，也可用于职业技能鉴定和自我技能水平提升。

本书在编写过程中得到了西北油田各级领导的关心关怀以及各单

位的大力支持和帮助，尤其是毛谦明、蒲军、李峻岭、邹建鹏、王磊、王小兵、田兆峰等同志提出了大量的指导建议。同时，也得到了许多关心和支持西北油田技能操作人才队伍建设和发展的同仁的鼓励和宝贵意见，有力地保证了本书的编撰，在此一并表示衷心的感谢！

由于编写人员水平有限，加之时间仓促，书中难免存在不妥之处，敬请广大读者批评指正。

目　录

初　级　工

中　级　工

高　级　工

初级工

一、直线连接单股导线操作

1. 考核要求

(1) 必须穿戴劳动保护用品。

(2) 工具、用具准备齐全，正确使用。

(3) 操作规程符合安全文明操作。

(4) 按规定完成操作项目，质量达到技术要求。

(5) 操作完毕，做到“工完、料净、场地清”。

2. 准备要求

(1) 材料准备：

序号	名称	规格	数量	备注
1	绝缘胶带	A级	1卷	
2	单股铜芯线	$6m^2$及以下	1m	

(2) 工具、量具、用具准备：

序号	名称	规格	数量	备注
1	电工刀		1把	
2	钢丝钳		1把	
3	尖嘴钳		1把	
4	剥线钳		1把	

3. 操作程序说明

(1) 准备工作。

(2) 剖削导线绝缘层。

(3) 连接导线。

(4) 恢复绝缘层。

(5) 清理现场。

4. 考核规定说明

(1) 如操作违章或未按操作程序执行操作，将停止考核。

(2) 考核采用百分制，考核项目得分按鉴定比重进行折算。

（3）考核方式说明：本项目为实际操作，考核过程按评分标准及操作过程进行评分。

（4）考核技能说明：本项目主要测试考生对直线连接单股导线操作的熟练程度。

5. 考核时限

（1）准备工作：1min（不计入考核时间）。

（2）正式操作时间：5min。提前完成操作不加分，每超过 1min 从总分中扣 2 分，总超时 2min 停止工作，按完成项进行评分。

6. 评分记录表

直线连接单股导线操作评分记录表

操作时间：5min　　考生：　　操作用时：

序号	考核内容	操作规程	评分要素	评分标准	配分	扣分	得分
1	准备工作	穿戴好劳动保护用品；工具准备齐全	工具准备	1. 劳保穿戴不整齐扣 5 分； 2. 未准备工具扣 5 分，多、少一件扣 1 分	10		
2	剖削导线绝缘层	导线绝缘剖削平整，不伤及导线金属部分	剖削导线绝缘层	1. 剖削不平整扣 5 分； 2. 伤到绝缘皮下导线扣 5 分	10		
3	连接导线	按规范工艺接线进行	接线符合工艺	1. 未完成两线头成 X 形相交或未相互绞合 2~3 圈扣 10 分； 2. 两个线头或每个线头在另一线芯上紧贴未绕 5~6 圈扣 20 分； 3. 绕好后未剪去多余的线头或未用钢丝钳钳平切口毛刺扣 20 分	50		
4	恢复绝缘层	绝缘恢复美观绝缘	恢复绝缘层	1. 未恢复绝缘层扣 10 分； 2. 包缠不美观扣 5 分	15		
5	清理现场	清理现场	收拾工具，清理场地	未清理现场，从总分扣 5 分	5		
6	安全文明操作	遵守国家或企业有关安全规定；操作过程中严格遵守“四不伤害”原则	遵守国家或企业有关安全规定	1. 每违反一项规定，从总分中扣 5 分； 2. 严重违规取消考核； 3. 因操作不当造成人身伤害，从总分中扣 10 分； 4. 工具、用具使用不当，每次从总分中扣 2 分，最多扣 10 分	10		
	合　计				100		

考评员：　　核分员：　　年　月　日

二、T 形连接单股导线操作

1. 考核要求

（1）必须穿戴劳动保护用品。
（2）工具、用具准备齐全，正确使用。
（3）操作规程符合安全文明操作。
（4）按规定完成操作项目，质量达到技术要求。
（5）操作完毕，做到“工完、料净、场地清”。

2. 准备要求

（1）材料准备：

序　号	名　称	规　格	数　量	备　注
1	绝缘胶带	A 级	1 卷	
2	单股铜芯线	$6m^2$及以下	1m	

（2）工具、量具、用具准备：

序　号	名　称	规　格	数　量	备　注
1	电工刀		1 把	
2	钢丝钳		1 把	
3	尖嘴钳		1 把	
4	剥线钳		1 把	

3. 操作程序说明

（1）准备工作。
（2）剖削导线绝缘层。
（3）连接导线。
（4）恢复绝缘层。
（5）清理现场。

4. 考核规定说明

（1）如操作违章或未按操作程序执行操作，将停止考核。
（2）考核采用百分制，考核项目得分按鉴定比重进行折算。

(3) 考核方式说明：本项目为实际操作，考核过程按评分标准及操作过程进行评分。

(4) 考核技能说明：本项目主要测试考生对T形连接单股导线操作的熟练程度。

5. 考核时限

(1) 准备工作：1min(不计入考核时间)。

(2) 正式操作时间：8min。提前完成操作不加分，每超过1min从总分中扣2分，总超时2min停止工作，按完成项进行评分。

6. 评分记录表

T形连接单股导线操作评分记录表

操作时间：8min　　考生：　　操作用时：

序号	考核内容	操作规程	评分要素	评分标准	配分	扣分	得分
1	准备工作	穿戴好劳动保护用品；工具准备齐全	工具准备	1. 劳保穿戴不整齐扣5分； 2. 未准备工具扣5分，多、少一件扣1分	10		
2	剖削导线绝缘层	导线绝缘剖削平整，不伤及导线金属部分	剖削导线绝缘层	1. 剖削不平整扣5分； 2. 伤到绝缘皮下导线扣5分	10		
3	连接导线	按规范工艺接线进行	接线符合工艺	1. 未完成两线头成十字相交扣5分； 2. 未在支路芯线根部留出5mm，根据是否达到标准长度扣5分； 3. 未绕6~8圈扣15分； 4. 绕好后未剪去多余的线头或未用钢丝钳钳平切口毛刺扣15分	40		
4	恢复绝缘层	绝缘恢复美观绝缘	恢复绝缘层	1. 未恢复绝缘层扣10分； 2. 包缠不美观扣5分	15		
5	清理现场	清理现场	收拾工具，清理场地	未清理现场，从总分扣5分	5		
6	安全文明操作	遵守国家或企业有关安全规定；操作过程中严格遵守“四不伤害”原则	遵守国家或企业有关安全规定	1. 每违反一项规定，从总分中扣5分； 2. 严重违规取消考核； 3. 因操作不当造成人身伤害，从总分中扣10分； 4. 工具、用具使用不当，每次从总分中扣2分，最多扣10分	20		
合计					100		

考评员：　　核分员：　　年　月　日

三、直线连接多股导线操作

1. 考核要求

(1) 必须穿戴劳动保护用品。
(2) 工具、用具准备齐全，正确使用。
(3) 操作规程符合安全文明操作。
(4) 按规定完成操作项目，质量达到技术要求。
(5) 操作完毕，做到“工完、料净、场地清”。

2. 准备要求

(1) 材料准备：

序　号	名　称	规　格	数　量	备　注
1	绝缘胶带	A 级	1 卷	
2	多股铜芯线	$6m^2$ 及以下	1m	

(2) 工具、量具、用具准备：

序　号	名　称	规　格	数　量	备　注
1	电工刀		1 把	
2	钢丝钳		1 把	
3	尖嘴钳		1 把	
4	剥线钳		1 把	

3. 操作程序说明

(1) 准备工作。
(2) 剖削导线绝缘层。
(3) 连接导线。
(4) 恢复绝缘层。
(5) 清理现场。

4. 考核规定说明

(1) 如操作违章或未按操作程序执行操作，将停止考核。
(2) 考核采用百分制，考核项目得分按鉴定比重进行折算。

（3）考核方式说明：本项目为实际操作，考核过程按评分标准及操作过程进行评分。

（4）考核技能说明：本项目主要测试考生对直线连接多股导线操作的熟练程度。

5. 考核时限

（1）准备工作：1min（不计入考核时间）。

（2）正式操作时间：10min。提前完成操作不加分，每超过1min从总分中扣2分，总超时2min停止工作，按完成项进行评分。

6. 评分记录表

直线连接多股导线操作评分记录表

操作时间：10min　　考生：　　操作用时：

序号	考核内容	操作规程	评分要素	评分标准	配分	扣分	得分
1	准备工作	穿戴好劳动保护用品；工具准备齐全	工具准备	1. 劳保穿戴不整齐扣5分； 2. 未准备工具扣5分，多、少一件扣1分	10		
2	剖削导线绝缘层	导线绝缘剖削平整，不伤及导线金属部分	剖削导线绝缘层	1. 剖削不平整扣5分； 2. 伤到绝缘皮下导线扣5分	10		
3	连接导线	按规范工艺接线进行	符合工艺	1. 未剥去绝缘层的芯线头散开并拉直扣5分； 2. 未靠近绝缘层1/3线段的芯线绞紧，余下的2/3芯线头按图示分散成伞状并将每根芯线拉直扣5分； 3. 未将两伞骨状线端隔根对叉且必须相对插到底扣分5分； 4. 未捏平叉入后的两侧所有芯线，并理直每股芯线和使每股芯线的间隔均匀扣5分； 5. 未用钢丝钳钳紧叉口处消除空隙扣5分； 6. 未在一端把邻近两股芯线在距叉口中线约3根单股芯线直径宽度处折起形成90°扣5分； 7. 未把这两股芯线按顺时针方向紧缠2圈后，再折回90°并平卧在折起前的轴线位置上扣5分； 8. 未把处于紧挨平卧前邻近的2根芯线折成90°，并未按规定方法加工扣5分；未把余下的3根芯线按规定方法缠绕至第2圈时，把前4根芯线在根部分别切断并钳平扣5分； 9. 未接着把3根芯线缠足3圈，然后剪去余端，钳平切口不留毛刺扣5分； 10. 另一侧未按规定方法进行加工，按7~10项评分标准，每项扣5分	40		

续表

序号	考核内容	操作规程	评分要素	评分标准	配分	扣分	得分
4	恢复绝缘层	绝缘恢复美观绝缘	恢复绝缘层	1. 未恢复绝缘层扣10分； 2. 包缠不美观扣5分	15		
5	清理现场	清理现场	收拾工具，清理场地	未清理现场，从总分中扣5分	5		
6	安全文明操作	遵守国家或企业有关安全规定；操作过程中严格遵守“四不伤害”原则	遵守国家或企业有关安全规定	1. 每违反一项规定，从总分中扣5分； 2. 严重违规取消考核； 3. 因操作不当造成人身伤害，从总分中扣10分； 4. 工具、用具使用不当，每次从总分中扣2分，最多扣10分	20		
合计					100		

考评员：　　　　核分员：　　　　年　月　日

四、T 形连接多股导线操作

1. 考核要求

（1）必须穿戴劳动保护用品。
（2）工具、用具准备齐全，正确使用。
（3）操作规程符合安全文明操作。
（4）按规定完成操作项目，质量达到技术要求。
（5）操作完毕，做到“工完、料净、场地清”。

2. 准备要求

（1）材料准备：

序 号	名 称	规 格	数 量	备 注
1	绝缘胶带	A 级	1 卷	
2	多股铜芯线	$6m^2$及以下	1m	

（2）工具、量具、用具准备：

序 号	名 称	规 格	数 量	备 注
1	电工刀		1 把	
2	钢丝钳		1 把	
3	尖嘴钳		1 把	
4	剥线钳		1 把	

3. 操作程序说明

（1）准备工作。
（2）剖削导线绝缘层。
（3）连接导线。
（4）恢复绝缘层。
（5）清理现场。

4. 考核规定说明

（1）如操作违章或未按操作程序执行操作，将停止考核。
（2）考核采用百分制，考核项目得分按鉴定比重进行折算。

（3）考核方式说明：本项目为实际操作，考核过程按评分标准及操作过程进行评分。

（4）考核技能说明：本项目主要测试考生对T形连接多股导线操作的熟练程度。

5. 考核时限

（1）准备工作：1min（不计入考核时间）。

（2）正式操作时间：10min。提前完成操作不加分，每超过1min从总分中扣2分，总超时2min停止工作，按完成项进行评分。

6. 评分记录表

T形连接多股导线操作评分记录表

操作时间：10min　　　　考生：　　　　操作用时：

序号	考核内容	操作规程	评分要素	评分标准	配分	扣分	得分
1	准备工作	穿戴好劳动保护用品；工具准备齐全	工具准备	1. 劳保穿戴不整齐扣5分； 2. 未准备工具扣5分，多、少一件扣1分	10		
2	剖削导线绝缘层	导线绝缘剖削平整，不伤及导线金属部分	剖削导线绝缘层	1. 剖削不平整扣5分； 2. 伤到绝缘皮下导线扣5分	10		
3	连接导线	按规范工艺接线进行	接线符合工艺	1. 未将分支芯线散开并拉直，再把紧绝缘层1/8线段的芯线绞紧，把剩余7/8的芯线分成两组，一组4根，另一组3根，且未排齐扣10分； 2. 未把干线的芯线撬开分为两组，再把支线中4根芯线的一组插入干线芯线中间，而把3根芯线的组放在干线芯线前面扣10分； 3. 未把3根线芯的一组在干线右边按顺时针方向紧紧缠绕3~4圈，并钳平线端扣10分；未把4根芯线的一组在干线的左边按逆时针方向缠绕4~5圈扣10分； 4. 未钳平线端扣5分	40		
4	恢复绝缘层	绝缘恢复美观绝缘	恢复绝缘层	1. 未恢复绝缘层扣15分； 2. 包缠不美观扣5分	20		
5	清理现场	清理现场	收拾工具，清理场地	未清理现场，从总分扣5分	5		
6	安全文明操作	遵守国家或企业有关安全规定；操作过程中严格遵守"四不伤害"原则	遵守国家或企业有关安全规定	1. 每违反一项规定，从总分中扣5分； 2. 严重违规取消考核； 3. 因操作不当造成人身伤害，从总分中扣10分； 4. 工具、用具使用不当，每次从总分中扣2分，最多扣10分	15		
合计					100		

考评员：　　　　核分员：　　　　年　月　日

五、烙铁头焊锡电子元件操作

1. 考试要求

（1）按照规定选择电烙铁，检查烙铁，清洁导线，焊接导线，清理焊面。
（2）必须穿戴劳动保护用品。
（3）必须的工具、用具应准备齐全。
（4）正确使用工具、用具。
（5）符合安全文明生产。

2. 准备要求

（1）设备准备：

序 号	名 称	规 格	数 量	备 注
1	电烙铁	内热式 25W、外热式 300W	各 1 把	
2	万用表	指示型	1 块	
3	兆欧表	500V	1 块	
4	电路板及电子元件		若干	

（2）材料准备：

序 号	名 称	规 格	数 量	备 注
1	焊锡		1 卷	
2	焊料	90-6、58-2	各 1 盒	

（3）工具准备：

序 号	名 称	规 格	数 量	备 注
1	断线钳	150mm	1 把	
2	尖嘴钳	150mm	1 把	
3	剥线钳	200mm	1 把	
4	电工刀		1 把	
5	镊子	医用镊子	1 把	

3. 考试的规定说明

（1）如操作违章，将停止考试。

(2) 考试采用100分制，然后按鉴定比重折算。
(3) 具体考试要求同鉴定点。

4. 考试时限

(1) 准备时间：3min。
(2) 操作时间：20min。
(3) 从正式操作开始计时。
(4) 考试时，提前完成操作不加分，超过规定操作时间按规定标准评分。

5. 评分记录表

烙铁头焊锡电子元件操作评分记录表

操作时间：20min　　考生：　　操作用时：

序号	考核内容	操作规程	评分要素	评分标准	配分	扣分	得分
1	准备工作	准备电烙铁、电子元件、焊锡、焊锡油、常用电工工具、纱布	工具准备齐全	1. 多、少准备一件工具及材料扣1分； 2. 操作时未戴手套扣5分	10		
2	检查烙铁	1. 用万用表测量电烙铁是否断路； 2. 用兆欧表测量电烙铁是否接地	检查到位	1. 未用万用表检查电烙铁是否断路扣5分； 2. 万用表使用方法不正确扣5分； 3. 未用兆欧表测量电烙铁是否接地扣5分； 4. 兆欧表使用方法不正确扣5分	10		
3	操作程序	1. 将电烙铁接入电源，加热； 2. 清洁烙铁头工作面，搪上少量焊锡； 3. 加热被焊件，对焊点升温熔化焊料及焊锡； 4. 移开焊锡丝，当焊锡丝熔化适量后，应迅速移开； 5. 移开电烙铁，清洁表面； 6. 断开电源，拔出电烙铁插销	操作规范	1. 加热时，将烙铁放在易燃物品处扣5分； 2. 未清洁烙铁头工作面扣5分； 3. 未搪上少量焊锡油及焊锡扣5分； 4. 未加热被焊件扣5分； 5. 加热时间过长或过热扣5分； 6. 加热焊件时，未加焊锡及焊料扣5分； 7. 未及时移开焊丝扣5分； 8. 未及时移开电烙铁扣5分； 9. 未处理毛刺扣5分； 10. 未断开电源拔出电烙铁插销扣5分； 11. 焊点焊接不良扣10分	60		
4	综合分析	1. 焊接较精密的元件应选用什么结构及容量的烙铁； 2. 大型焊点应选用什么结构及容量的烙铁	分析到位	不能说明，一项扣5分	10		

续表

序号	考核内容	操作规程	评分要素	评分标准	配分	扣分	得分
5	安全文明生产	遵守国家或企业有关安全规定；在规定时间内完成	遵守规定	1. 每违反一项规定，从总分中扣5分，严重违规者停止操作； 2. 每超时1min，从总分扣5分，超时3min停止操作	10		
合　计					100		

考评员：　　　　　　核分员：　　　　　　年　月　日

六、烙铁头焊锡铜导线操作

1. 考试要求

（1）按照规定选择电烙铁，检查烙铁，清洁导线，焊接导线，清理焊面。
（2）必须穿戴劳动保护用品。
（3）必须的工具、用具应准备齐全。
（4）正确使用工具、用具。
（5）符合安全文明生产。

2. 准备要求

（1）设备准备：

序 号	名 称	规 格	数 量	备 注
1	电烙铁	内热式 25W、外热式 300W	各 1 把	
2	万用表	指示型	1 块	
3	兆欧表	500V	1 块	
4	导线		若干	

（2）材料准备：

序 号	名 称	规 格	数 量	备 注
1	焊锡		1 卷	
2	焊料	90-6、58-2	各 1 盒	

（3）工具准备：

序 号	名 称	规 格	数 量	备 注
1	断线钳	150mm	1 把	
2	尖嘴钳	150mm	1 把	
3	剥线钳	200mm	1 把	
4	电工刀		1 把	
5	镊子	医用镊子	1 把	

3. 考试的规定说明

（1）如操作违章，将停止考试。

（2）考试采用100分制，然后按鉴定比重折算。
（3）具体考试要求同鉴定点。

4. 考试时限：

（1）准备时间：3min。
（2）操作时间：20min。
（3）从正式操作开始计时。
（4）考试时，提前完成操作不加分，超过规定操作时间按规定标准评分。

5. 评分记录表

烙铁头焊锡铜导线操作评分记录表

操作时间：20min　　考生：　　操作用时：

序号	考核内容	操作规程	评分要素	评分标准	配分	扣分	得分
1	准备工作	准备电烙铁、电子元件、焊锡、焊锡油、常用电工工具、纱布	工具准备齐全	1. 多、少准备一件工具及材料扣1分； 2. 操作时未戴手套扣5分	10		
2	检查烙铁	1. 用万用表测量电烙铁是否断路； 2. 用兆欧表测量电烙铁是否接地	检查到位	1. 未用万用表检查电烙铁是否断路扣5分； 2. 万用表使用方法不正确扣5分； 3. 未用兆欧表测量电烙铁是否接地扣5分； 4. 兆欧表使用方法不正确扣5分	10		
3	操作程序	1. 将电烙铁接入电源，加热； 2. 清洁烙铁头工作面，搪上少量焊锡； 3. 加热被焊件，对焊点升温熔化焊料及焊锡； 4. 移开焊锡丝，当焊锡丝熔化适量后，应迅速移开； 5. 移开电烙铁，清洁表面； 6. 断开电源，拔出电烙铁插销	操作规范	1. 加热时，将烙铁放在易燃物品处扣5分； 2. 未清洁烙铁头工作面扣5分； 3. 未搪上少量焊锡油及焊锡扣5分； 4. 未加热被焊件扣5分； 5. 加热时间过长或过热扣5分； 6. 加热焊件时，未加焊锡及焊料扣5分； 7. 未及时移开焊丝扣5分； 8. 未及时移开电烙铁扣5分； 9. 未处理毛刺扣5分； 10. 未断开电源拔出电烙铁插销扣5分； 11. 焊点焊接不良扣10分	60		
4	综合分析	1. 焊接较精密的元件应选用什么结构及容量的烙铁； 2. 大型焊点应选用什么结构及容量的烙铁	分析到位	不能说明，一项扣5分	10		

续表

序号	考核内容	操作规程	评分要素	评分标准	配分	扣分	得分
5	安全文明生产	遵守国家或企业有关安全规定；在规定时间内完成	遵守规定	1. 每违反一项规定，从总分中扣5分，严重违规者停止操作； 2. 每超时1min，从总分扣5分，超时3min停止操作	10		
合计					100		

考评员： 核分员： 年 月 日

七、使用低压验电器验电操作

1. 考试要求

（1）按照规定先检查验电器外观，验电器在使用前应在电源处验证，证明验电器确实良好，然后验电、判断。

（2）必须穿戴劳动保护用品。

（3）必须的工具、用具应准备齐全。

（4）正确使用工具、用具。

（5）符合安全文明生产。

2. 准备要求

设备准备：

序　号	名　称	规　格	数　量	备　注
1	低压验电器	氖管式	1 台	
2	直流电源	直流 220V	1 台	
3	交流电源	交流 220V	1 台	
4	导线	$2.5mm^2$	5m	
5	电机		1 台	
6	插座及电源		1 套	

3. 考试的规定说明

（1）如操作违章，将停止考试。

（2）考试采用 100 分制，然后按鉴定比重折算。

（3）具体考试要求同鉴定点。

4. 考试时限

（1）准备时间：3min。

（2）操作时间：20min。

（3）从正式操作开始计时。

（4）考试时，提前完成操作不加分，超过规定操作时间按规定标准评分。

5. 评分记录表

烙铁头焊锡铜导线操作评分记录表

操作时间：20min　　　　考生：　　　　操作用时：

序号	考核内容	操作规程	评分要素	评分标准	配分	扣分	得分
1	准备工作	准备低压验电器；准备常用的电工工具	准备齐全	1. 未准备低压验电器扣5分； 2. 多、少准备一件工具扣1分	10		
2	操作程序	检查验电器外观是否有裂纹及受潮现象	检查到位，操作规范，分析到位	未检查验电器外观是否有裂纹及受潮现象扣10分	10		
		在确有电源处测试，证明验电器确实良好方可使用		1. 未在有电处验证验电器好坏扣5分； 2. 验电器使用方法不正确扣5分	10		
		区别相线与零线		不能区别相线与零线或识别错误扣10分	10		
		区别电压的高低		不能根据验电器氖管的亮度区别电压的高低或识别错误扣10分	10		
		区别直流电与交流电		不能区别直流电与交流电或识别错误扣10分	10		
		区别直流电的正负极		不能区别直流电正负极或识别错误扣10分	10		
		识别电动机绕组接地		不能识别电动机绕组接地扣10分	10		
		识别相线断路故障		不能识别相线断路故障扣10分	10		
3	安全文明生产	遵守国家或企业有关安全规定；在规定时间内完成	遵守规定	1. 每违反一项规定，从总分中扣5分，严重违规者停止操作； 2. 每超时1min从总分扣5分，超时3min停止操作	10		
合　计					100		

考评员：　　　　核分员：　　　　年　月　日

八、使用 10kV 验电器验电操作

1. 考试要求

(1) 按照规定先检查验电器外观，验电器在使用前应在电源处验证，证明验电器确实良好，然后验电、判断。

(2) 必须穿戴劳动保护用品。

(3) 必须的工具、用具应准备齐全。

(4) 正确使用工具、用具。

(5) 符合安全文明生产。

2. 准备要求

(1) 设备准备：

序　号	名　称	规　格	数　量	备　注
1	高压验电器	10kV 验电器	1 台	
2	交流电源	模拟 6~10kV，3 相	1 台	

(2)工具准备：

序　号	名　称	规　格	数　量	备　注
1	绝缘手套	高压	1 副	
2	绝缘靴	高压	1 双	
3	安全帽		1 顶	

3. 考试的规定说明

(1) 如操作违章，将停止考试。

(2) 考试采用 100 分制，然后按鉴定比重折算。

(3) 具体考试要求同鉴定点。

4. 考试时限

(1) 准备时间：3min。

(2) 操作时间：20min。

(3) 从正式操作开始计时。

(4) 考试时，提前完成操作不加分，超过规定操作时间按规定标准评分。

5. 评分记录表

使用10kV验电器验电操作评分记录表

操作时间：20min　　考生：　　操作用时：

序号	考核内容	操作规程	评分要素	评分标准	配分	扣分	得分
1	准备工作	准备电压等级合适且合格的验电器	工具准备齐全	未根据电压等级准备合适的验电器扣10分	10		
2	检查验电器	1. 检查验电器外观有无裂纹、受潮现象； 2. 检查验电器的使用有效期； 3. 在确有电源处试测，证明验电器确实良好； 4. 若验电器手柄较短，使用时应特别注意手握部位不得超过隔离环； 5. 使用时应逐渐靠近被测物体，直到氖灯亮，才可与被测物体直接接触； 6. 安全距离6~10kV为0.7m； 7. 室外验电时必须在气候条件良好的情况下进行	检查到位，操作规范，分析到位	1. 少检查一项扣5分； 2. 未检查使用有效期扣5分； 3. 未在确有电源处试测扣10分； 4. 使用时手超过隔离环扣5分； 5. 使用方法不正确扣10分； 6. 未注意安全距离扣10分； 7. 未注意天气变化扣5分	50		
3	操作程序	验电时应在检修设备进出线两侧各相分别验电	检查到位，操作规范，分析到位	少验一处扣10分	10		
4	判断	不能根据验电器指示情况，判断停电检修设备有无电压	检查到位，操作规范，分析到位	不能根据验电器指示情况，判断停电检修设备有无电压扣10分	10		
5	验电结束	验电完毕后应将验电器放在盒内，存放在通风、干燥处保管	检查到位，操作规范，分析到位	未放在或未说明放在存放处扣10分	10		
6	安全文明操作	遵守国家或企业有关安全规定；在规定时间内完成	遵守规定	1. 每违反一项规定，从总分中扣5分，严重违规者停止操作； 2. 每超时1min从总分扣5分，超时3min停止操作	10		
		合计			100		

考评员：　　核分员：　　年　月　日

九、使用数字式万用表测量低压电器电压操作

1. 考核要求

（1）必须穿戴劳动保护用品。
（2）工具、用具准备齐全，正确使用。
（3）操作规程符合安全文明操作。
（4）按规定完成操作项目，质量达到技术要求。
（5）操作完毕，做到“工完、料净、场地清”。

2. 准备要求

工具、量具、用具准备：

序 号	名 称	规 格	数 量	备 注
1	数字万用表	FUKE 12E DIGITAL MULTIMETER	1 块	

3. 操作程序说明

（1）准备工作。
（2）接入表笔。
（3）选择挡位。
（4）测量。
（5）读取数值。
（6）归挡。
（7）清理现场。

4. 考核规定说明

（1）如操作违章或未按操作程序执行操作，将停止考核。
（2）考核采用百分制，考核项目得分按鉴定比重进行折算。
（3）考核方式说明：本项目为实际操作，考核过程按评分标准及操作过程进行评分。
（4）考核技能说明：本项目主要测试考生使用数字式万用表测量低压电器电压操作的熟练程度。

5. 考核时限

（1）准备工作：1min（不计入考核时间）。

（2）正式操作时间：8min。提前完成操作不加分，每超过 1min 从总分中扣 2 分，总超时 5min 停止工作，按完成项进行评分。

6. 评分记录表

使用数字式万用表测量低压电器电压操作评分记录表

操作时间：8min　　　　考生：　　　　操作用时：

序号	考核内容	操作规程	评分要素	评分标准	配分	扣分	得分
1	准备工作	穿戴好劳动保护用品；工具准备齐全	工具准备	1. 劳保穿戴不整齐扣 2 分； 2. 未水平放置万用表扣 3 分	5		
2	接入表笔	1. 红表笔插入标有“VΩ”符号的插口； 2. 黑表笔插入标有“COM”符号插口上	插入正确	1. 红表笔未插入标有“VΩ”符号的插口上扣 5 分； 2. 黑表笔未插入标有“COM”符号插口上扣 5 分	10		
3	选择量程	1. 根据被测量参量性质选择合适的挡位，测量交流电压时可选用“$\tilde{V}$”挡位； 2. 测量直流电压时可选用“$\bar{V}$”挡位	正确连接表笔	1. 测量交流电压时未选用“$\tilde{V}$”挡位扣 5 分； 2. 测量直流电压时未选用“$\bar{V}$”挡位扣 5 分	10		
		1. 根据被测量参量性质选择合适的挡位，测量交流电压时可选用“$\tilde{V}$”挡位； 2. 测量直流电压时可选用“$\bar{V}$”区间的挡位	正确选择挡位	1. 带电转换量程扣 5 分； 2. 量程选择错误扣 5 分	10		
4	测量	将表笔接入被测元件，接触良好	规范操作	1. 表笔未接入被测元件 5 分； 2. 表笔接触不良扣 5 分	10		
		测量时，不能用手触摸表笔的金属部分，以保证安全和测量的准确性	安全操作	手触摸表笔的金属部分 5 分	5		
		测量直流时，红表笔接正极，黑表笔接负极	规范操作	1. 红表笔未接正极扣 5 分； 2. 黑表笔未接负极扣 5 分	10		
5	读取数值	根据表盘读数及挡位关系读取数值	正确读取数值	1. 不会读取数值 2 分； 2. 读数错误扣 3 分； 3. 单位错误扣 5 分	10		
6	归挡	测量完毕将挡位开关调至交流电压最大挡或空挡	规范操作	1. 测量完毕未归挡 5 分； 2. 未将挡位开关调至交流电压最大挡或空挡扣 5 分	10		

续表

序号	考核内容	操作规程	评分要素	评分标准	配分	扣分	得分
7	清理现场	收拾工具，清理场地	清理现场	未清理现场，从总分中扣5分	5		
8	安全文明操作	遵守国家或企业有关安全规定；操作过程中严格遵守“四不伤害”原则	遵守规定	1. 每违反一项规定，从总分中扣5分； 2. 因操作不当造成人身伤害，从总分中扣5分； 3. 工具、用具使用不当，每次从总分中扣2分，最多扣5分； 4. 严重违规取消考核	15		
合计					100		

考评员：　　　　核分员：　　　　年　月　日

十、使用数字式万用表测量电机绕组电阻操作

1. 考核要求

(1) 必须穿戴劳动保护用品。
(2) 工具、用具准备齐全，正确使用。
(3) 操作规程符合安全文明操作。
(4) 按规定完成操作项目，质量达到技术要求。
(5) 操作完毕，做到“工完、料净、场地清”。

2. 准备要求

(1) 工具、量具、用具准备：

序 号	名 称	规 格	数 量	备 注
1	数字万用表	FUKE 12E DIGITAL MULTIMETER	1块	
2	活动扳手	8	1把	

(2) 现场设备：

序 号	名 称	规 格	数 量	备 注
1	隔爆型三相异步电动机	YB2-16M-4	1台	

3. 操作程序说明

(1) 准备工作。
(2) 接入表笔。
(3) 选择挡位。
(4) 测量。
(5) 读取数值；
(6) 归挡；
(7) 清理现场。

4. 考核规定说明

(1) 如操作违章或未按操作程序执行操作，将停止考核。
(2) 考核采用百分制，考核项目得分按鉴定比重进行折算。
(3) 考核方式说明：本项目为实际操作，考核过程按评分标准及操作过程进行评分。

（4）考核技能说明：本项目主要测试考生使用数字式万用表测量电机绕组电阻操作的熟练程度。

5. 考核时限

（1）准备工作：1min（不计入考核时间）。

（2）正式操作时间：8min。提前完成操作不加分，每超过 1min 从总分中扣 2 分，总超时 5min 停止工作，按完成项进行评分。

6. 评分记录表

使用数字式万用表测量电机绕组电阻操作评分记录表

操作时间：8min　　　　考生：　　　　操作用时：

序号	考核内容	操作规程	评分要素	评分标准	配分	扣分	得分
1	准备工作	穿戴好劳动保护用品；工具准备齐全；检查设备已停电	工具准备	1. 劳保穿戴不整齐扣 2 分； 2. 未水平放置万用表扣 3 分； 3. 未检查设备停电停止考核	5		
2	接入表笔	红表笔接在标有“+”号的接线柱上，黑表笔接在标有“-”或“*”的接线柱上	正确连接表笔	1. 红表笔未接在标有“+”号的接线柱上扣 5 分； 2. 黑表笔未接在标有“-”或“*”的接线柱上扣 5 分	10		
3	选择量程	1. 选择“Ω”挡位区； 2. 未知电阻有多大时，应先将量程挡置于最低挡，然后再向高量程挡转换	正确选择挡位	1. 未选用“Ω”挡位区扣 5 分； 2. 未从最低挡开始扣 5 分	10		
4	测量	1. 将表笔接入被测电机绕组，接触良好； 2. 测量时，不能用手触摸表笔的金属部分； 3. 测量时，应正视表盘	规范操作	1. 表笔未接入被测绕组扣 5 分，表笔接触不良扣 5 分； 2. 手触摸表笔的金属部分扣 5 分； 3. 未正视表盘扣 5 分	20		
5	读取数值	根据表盘读数及挡位关系读取数值	正确读取数值	1. 不会读取数值 5 分； 2. 读数错误扣 5 分； 3. 单位错误扣 5 分	15		
6	归挡	测量完毕将挡位开关调至交流电压最大挡或空挡	规范操作	1. 测量完毕未归挡 5 分； 2. 未将挡位开关调至交流电压最大挡或空挡扣 5 分	10		
7	清理现场	收拾工具，清理场地	清理现场	未清理现场，从总分中扣 5 分	5		

续表

序号	考核内容	操作规程	评分要素	评分标准	配分	扣分	得分
8	安全文明操作	遵守国家或企业有关安全规定；操作过程中严格遵守“四不伤害”原则	遵守规定	1. 每违反一项规定，从总分中扣5分； 2. 因操作不当造成人身伤害，从总分中扣10分； 3. 工具、用具使用不当，每次从总分中扣2分，最多扣10分； 4. 严重违规取消考核	25		
合计					100		

考评员：　　　　　　　　　　核分员：　　　　　　　　　　年　月　日

十一、使用钳形电流表测量出线电流操作

1. 考核要求

（1）必须穿戴劳动保护用品。
（2）工具、用具准备齐全，正确使用。
（3）操作规程符合安全文明操作。
（4）按规定完成操作项目，质量达到技术要求。
（5）操作完毕，做到“工完、料净、场地清”。

2. 准备要求

工具仪表准备：

序 号	名 称	规 格	数 量	备 注
1	钳形电流表	FLUK 305 CLAMP METER	1 块	

3. 操作程序说明

（1）问答钳形电流表的优缺点。
（2）接入表笔。
（3）选择挡位。
（4）测量出线。
（5）读取数值。
（6）归挡。
（7）清理现场。

4. 考核规定说明

（1）如操作违章或未按操作程序执行操作，将停止考核。
（2）考核采用百分制，考核项目得分按鉴定比重进行折算。
（3）考核方式说明：本项目为实际操作，考核过程按评分标准及操作过程进行评分。
（4）考核技能说明：本项目主要测试考生对使用钳形电流表测量出线电流操作的熟练程度。

5. 考核时限

（1）准备工作：1min（不计入考核时间）。
（2）正式操作时间：8min。提前完成操作不加分，每超过 1min 从总分中扣 2 分，总超

时5min停止工作，按完成项进行评分。

6. 评分记录表

使用钳形电流表测量出线电流操作评分记录表

操作时间：8min　　　　考生：　　　　操作用时：

序号	考核内容	操作规程	评分要素	评分标准	配分	扣分	得分
1	钳形电流表优点	不断电情况下测电流	回答准确	不会操作扣5分	5		
	钳形电流表缺点	准确度不高	回答准确	不会操作扣5分	5		
	穿戴好劳动保护用品	规范穿戴好劳动防护用品	规范穿戴	未穿戴扣5分	5		
2	选择量程	1. 钳口要保持清洁，有污物及时清理； 2. 测量时应戴绝缘手套	规范操作	1. 钳口未清理扣5分； 2. 未戴绝缘手套扣5分	10		
		1. 未知电流有多大时，应先将量程挡置于最高挡，然后再向低量程档转换； 2. 测量电流时，不能在测量时转换量程	规范操作	1. 带电转换量程扣5分； 2. 量程选择错误扣5分	10		
3	测量	导线置于钳口中央	规范操作	导线未置于钳口中央扣5分	10		
		测量应注意身体各部分与带电体保持安全距离，低压安全距离为0.1~0.3m	安全操作	未达安全距离扣5分	10		
		当测量小于5A以下的电流时，为使读数更准确，在条件允许时，可将测载流导线绕数圈后放入钳口进行测量；此时被测导线实际电流值应等于仪表读数值除以放入钳口的导线圈数	规范操作	1. 测量小于5A电流时，未绕导线扣5分； 2. 读数时未除以导续圈数扣5分	10		
4	读取数值	根据表盘读数及挡位关系取数值	正确读取数值	1. 不会读取数值扣5分； 2. 读数错误扣5分； 3. 单位错误扣5分	10		
5	归挡	测量完毕将挡位开关调至最大位置	规范操作	1. 测量完毕未归挡扣5分； 2. 未将挡位开关调至最大挡扣5分	10		

续表

序号	考核内容	操作规程	评分要素	评分标准	配分	扣分	得分
6	清理现场	收拾工具，清理场地	清理现场	未清理现场，从总分中扣5分	5		
7	安全文明操作	遵守国家或企业有关安全规定；操作过程中严格遵守“四不伤害”原则	遵守规定	1. 每违反一项规定，从总分中扣5分； 2. 严重违规取消考核； 3. 因操作不当造成人身伤害，从总分中扣10分； 4. 工具、用具使用不当，每次从总分中扣2分，最多扣10分	10		
合　计					100		

考评员：　　　　　　　　　　核分员：　　　　　　　　　　年　月　日

十二、使用绝缘摇表测量电器设备绝缘电阻操作

1. 考核要求

(1) 必须穿戴劳动保护用品。
(2) 工具、用具准备齐全，正确使用。
(3) 操作规程符合安全文明操作。
(4) 按规定完成操作项目，质量达到技术要求。
(5) 操作完毕，做到“工完、料净、场地清”。

2. 准备要求

工具、量具、用具准备：

序 号	名 称	规 格	数 量	备 注
1	绝缘摇表	ZC25-4 型(500V、1000V)	1块	

3. 操作程序说明

(1) 准备工作。
(2) 将被测设备停电、放电。
(3) 根据被测物的设备容量选择合适的兆欧表。
(4) 检查兆欧表的好坏。
(5) 测定被测设备绝缘电阻和吸收比。
(6) 根据技术要求、正确分析判断被测设备吸收比，判断绝缘电阻。
(7) 测试后对被测设备进行放电。
(8) 清理现场。

4. 考核规定说明

(1) 如操作违章或未按操作程序执行操作，将停止考核。
(2) 考核采用百分制，考核项目得分按鉴定比重进行折算。
(3) 考核方式说明：本项目为实际操作，考核过程按评分标准及操作过程进行评分。
(4) 考核技能说明：本项目主要测试考生使用绝缘摇表测量电器设备绝缘电阻操作的熟练程度。

5. 考核时限

(1) 准备工作：1min(不计入考核时间)。

（2）正式操作时间：20min。提前完成操作不加分，每超过 1min 从总分中扣 2 分，总超时 5min 停止工作，按完成项进行评分。

6. 评分记录表

使用绝缘摇表测量电器设备绝缘电阻操作评分记录表

操作时间：20min　　考生：　　操作用时：

序号	考核内容	操作规程	评分要素	评分标准	配分	扣分	得分
1	准备工作	1. 穿戴好劳保用品； 2. 器具、工具的选择检查（测量运行过的电动机使用 500V 的兆欧表）； 3. 摇表检查，表针应能自由摆动；接线端子应齐全完好	个人劳动防护及工具准备	1. 未穿戴好劳保用品或未穿戴整齐扣 2 分； 2. 根据电机容量正确选择兆欧表，不会选表扣 3 分； 3. 外观检查表壳应完好无损，未检查扣 5 分	10		
2	操作步骤	将设备从电网上断开，并对设备进行放电	安全操作	1. 未检查及断开设备扣 5 分； 2. 未对设备进行放电扣 5 分	10		
		测试前检查兆欧表，空摇指“∞”，短接后指“0”	规范操作	1. 将兆欧表水平放置扣 5 分； 2. 不空摇指针指“∞”扣 5 分； 3. 不短接指针指“0”扣 5 分	15		
		正确连接表笔	正确连接	1. 未将兆欧表的“E”端测试线接到电动机外壳扣 5 分； 2. 未将兆欧表的“L”端测试线接到电动机绕组任一端扣 5 分	10		
		120r/min 摇动摇表	规范操作	转速超过 120r/min 或低于 120r/min 扣 5 分	5		
		测试时，不能用手触摸表笔的金属部分	安全操作	手触摸表笔的金属部分扣 5 分	5		
		1min 时读取读数	正确读取	1. 未正视表盘扣 10 分； 2. 1min 读取读数错误扣 5 分	15		
		测量完后，撤除“L”端接线，后停止摇表，并放电	规范操作	1. 未先撤除“L”端接线，停摇扣 5 分； 2. 未对测试设备进行放电扣 10 分	15		

续表

序号	考核内容	操作规程	评分要素	评分标准	配分	扣分	得分
3	清理现场	收拾工具，清理场地	清理现场	未清理现场，从总分中扣5分	5		
4	安全文明操作	遵守国家或企业有关安全规定；操作过程中严格遵守“四不伤害”原则	遵守规定	1. 每违反一项规定，从总分中扣5分； 2. 严重违规取消考核； 3. 因操作不当造成人身伤害，从总分中扣5分； 4. 工具、用具使用不当，每次从总分中扣2分，最多扣5分	10		
合计					100		

考评员：　　　　核分员：　　　　年　月　日

十三、使用接地电阻测量仪测量接地电阻操作

1. 考试要求

(1) 按照规定将表线放开，两钢钎(P 电位探针、C 电流探针)布设按 E、P、C 距离相距 20m，插入地下 40cm，测量仪表水平放置，机械调零，连接导线。注意各接线位置要对应，将接地线与接地体断开。接线：E 接被测接地体，P 和 C 分别接电位和电流指针。精测数值，读出测试值。

(2) 必须穿戴劳动保护用品。

(3) 必须的工具、用具应准备齐全。

(4) 正确使用工具、用具。

(5) 符合安全文明生产。

2. 准备要求

(1) 设备准备：

序　号	名　称	规　格	数　量	备　注
1	接地电阻摇表	ZC-8	1 块	

(2) 工具准备：

序　号	名　称	规　格	数　量	备　注
1	导线		若干	
2	钢钎(电针)	50cm	2 根	
3	锤子		1 把	

3. 考试的规定说明

(1) 如操作违章，将停止考试。

(2) 考试采用 100 分制，然后按鉴定比重折算。

(3) 具体考试要求同鉴定点。

4. 考试时限

(1) 准备时间：3min。

(2) 操作时间：20min。

(3) 从正式操作开始计时。

（4）考试时，提前完成操作不加分，超过规定操作时间按规定标准评分。

5. 评分记录表

使用接地电阻测量仪测量接地电阻操作评分记录表

操作时间：20min　　　　考生：　　　　操作用时：

序号	考核内容	操作规程	评分要素	评分标准	配分	扣分	得分
1	准备工作	准备摇表及电针、引线等	准备齐全	设备缺一样扣5分	5		
2	操作步骤	将表线放开，两钢钎(P电位探针、C电流探针)布设按E、P、C距离相距20m，插入地下40cm	检查到位，操作规范，分析到位	1. 接地体E、电位P、电流C探针相距不足20m扣5分； 2. 相距大于20m扣5分； 3. 钢钎插入地下深度不足40cm扣5分	15		
		测量仪表水平放置，机械调零		1. 仪表放置不规范扣5分； 2. 仪表测量未调零扣5分	10		
		1. 将接地线与接地体断开； 2. 接线；E接被测接地体，P和C分别接电位和电流指针		1. 未将接地线与接地体断开扣5分； 2. 将摇表各端子E、P、C接错一处扣5分	10		
		将“倍率挡位”置于最大倍数上，缓慢摇动摇柄，同时转动测量度盘直至指针停于零位		1. 测量前，未将“倍率挡位”置于最大倍率挡上扣5分； 2. 未转测量盘使指针停于零位扣5分	10		
		正确选择倍率挡位		倍率挡位选择不当扣10分	10		
		当检流计指针接近平衡时，加快手柄转速(120r/min)，再调“测量度盘”，取得平衡、停转，读数；改变倍率，相应精确测量，读取数值		1. 检流计平衡时，未调整合适倍率精测扣5分； 2. 仪表接近平衡时未加快手柄转速或速度不稳扣5分； 3. 未读取数值或读数不对扣5分	15		
		测试完毕，清理现场		未清理现场扣5分	5		
3	综合分析	1. 电源容量大于等于100kV·A的变压器发电机的工作接地，R不应大于10Ω； 2. 大接地电流系统不应大于0.5Ω；小接地电流系统不应大于0.5Ω	检查到位，操作规范，分析到位	不能说明，一项扣5分	10		
4	安全文明生产	遵守国家或企业有关安全规定；在规定时间内完成	遵守规定	1. 每违反一项规定，从总分中扣5分，严重违规者停止操作； 2. 每超时1min从总分中扣5分，超时3min停止操作	10		
合计					100		

考评员：　　　　核分员：　　　　年　月　日

十四、使用单臂电桥测量电机绕组电阻操作

1. 考试要求

（1）按照规定接线、调零、选挡、测量、读数、归挡。
（2）必须穿戴劳动保护用品。
（3）必须的工具、用具应准备齐全。
（4）正确使用工具、用具。
（5）符合安全文明生产。

2. 准备要求

设备准备：

序　号	名　称	规　格	数　量	备　注
1	三相电机		1台	
2	单臂电桥	QJ23	1台	

3. 考试的规定说明

（1）如操作违章，将停止考试。
（2）考试采用100分制，然后按鉴定比重折算。
（3）具体考试要求同鉴定点。

4. 考试时限

（1）准备时间：3min。
（2）操作时间：20min。
（3）从正式操作开始计时。
（4）考试时，提前完成操作不加分，超过规定操作时间按规定标准评分。

5. 评分记录表

使用单臂电桥测量电机绕组电阻操作评分记录表

操作时间：20min　　考生：　　操作用时：

序号	考核内容	操作规程	评分要素	评分标准	配分	扣分	得分
1	准备工作	准备仪表、电机、工具	准备齐全	多、少准备一样扣1分	5		

续表

序号	考核内容	操作规程	评分要素	评分标准	配分	扣分	得分
2	接线	连接测量接线	连接正确	1. 接线不正确扣2分； 2. 连接接触不良扣3分； 3. 不会接线扣5分	10		
		转换检流计连接片	操作正确	1. 未打开检流计锁扣扣5分； 2. 未转换检流计连接片扣5分	10		
3	调零	检流计调零	操作正确	未进行检流计调零扣5分	5		
4	选挡	根据估测值选择合适的比例臂及比较臂	操作正确	1. 比例臂选择错误扣5分； 2. 未根据估测值预置比较臂电阻值扣5分	10		
5	测量	测量电机电阻：先按下电源按“B”，再按按钮“G”	操作正确	1. 未先按下电源按钮“B”扣2分； 2. 未按“G”按钮扣3分	5		
		测量电机电阻：调整平衡；调整后先松开“G”“B”按钮；指针负偏时应减少比较臂电阻	操作正确	1. 不能根据指针编摆情况(+、-)增加或减少比较臂阻值扣5分； 2. 调整平衡后，未先松开“G”按钮扣5分； 3. 测量后未松开按钮“G”和“B”扣5分	15		
6	读数	读取数值	读数准确	1. 不会读取数值扣5分； 2. 未读取四位有效数字扣5分	10		
7	归挡	归挡	操作正确	1. 未将检流计锁扣“G”锁住扣2分； 2. 未将检流计连接片从“外”调到“内”扣3分	5		
		归表，将比例臂反至空挡，将比例臂放至零位	操作正确	未归表扣5分	5		
8	综合分析	三相设备A、B相阻值正常；C相阻值偏高，说明什么问题	分析正确	不能说明扣2分	2		
		三相设备A、B相阻值正常；C相阻值偏低，说明什么问题	分析正确	不能说明扣3分	3		
9	清理现场	测量后清理现场，整理工具	清理到位	不清理现场，未摆放好工具扣5分	5		

续表

序号	考核内容	操作规程	评分要素	评分标准	配分	扣分	得分
10	安全文明生产	遵守国家或企业有关安全规定；在规定时间内完成	遵守规定	1. 每违反一项规定，从总分中扣 5 分，严重违规者停止操作； 2. 每超时 1min，从总分扣 5 分，超时 3min 停止操作	10		
合　计					100		

考评员：　　　　核分员：　　　　年　月　日

十五、使用双臂电桥测量变压器绕组电阻操作

1. 考试要求

(1) 按照规定连接导线，闭合电源，调整检流计，选择量程，测量电阻，读数，综合分析。

(2) 必须穿戴劳动保护用品。

(3) 必须的工具、用具应准备齐全。

(4) 正确使用工具、用具。

(5) 符合安全文明生产。

2. 准备要求

设备准备：

序　号	名　称	规　格	数　量	备　注
1	三相变压器		1台	
2	双臂电桥	QJ44	1台	

3. 考试的规定说明

(1) 如操作违章，将停止考试。

(2) 考试采用100分制，然后按鉴定比重折算。

(3) 具体考试要求同鉴定点。

4. 考试时限

(1) 准备时间：3min。

(2) 操作时间：20min。

(3) 从正式操作开始计时。

(4) 考试时，提前完成操作不加分，超过规定操作时间按规定标准评分。

5. 评分记录表

使用双臂电桥测量变压器绕组电阻操作评分记录表

操作时间：20min　　　　考生：　　　　操作用时：

序号	考核内容	操作规程	评分要素	评分标准	配分	扣分	得分
1	准备工作	准备电桥、电工工具	准备齐全	多、少准备一样扣1分	5		
2	连接导线	接线正确，接触良好	连接正确	1. 接线不正确扣5分； 2. 接触不良扣5分	10		
3	闭合电源开关	将检流计开关“K1”调至接通位置，等待5min后调零	操作正确	1. 未接通检流计开关K1扣2分； 2. 未等待5min后或未调零扣3分	5		
4	调整检流计灵敏度旋钮，选择量程	将灵度调至最低	操作正确	不调灵敏度至最低扣5分	5		
		根据估测值选择合适的比例臂	选择正确	1. 未选择合适的比例臂扣5分； 2. 比例臂选择不当扣5分	10		
5	测量电阻	先按下“B”按钮依据指针偏转情况，调节步进和滑线读数盘，使检流计指针指在零位上，增大灵敏度反复调滑线电阻使指针为零，直到灵敏度为最高，指针指零稳定后，读取数值，先松开“G”钮，再松“B”钮，断开“K1”，结束测量；测量过程中指零仪指针偏移零位应调零	操作正确	1. 未先按“B”按钮扣5分； 2. 灵敏度未达到最大值扣5分； 3. 步进和滑线读数盘未根据指针偏转(+，-)调整扣10分； 4. 测量结束后，未先松开“G”钮扣5分； 5. 测量结束后，未断开“K1”扣5分； 6. 测量过程中指零仪指针偏移零位而未调零扣5分	30		
6	读数	读取数值	读数准确	1. 据读取错误扣5分； 2. 未读取四位有效数字扣5分	10		
7	综合分析	说明在测量三相设备直流电阻时，如本次测量结果和前次相比，阻值明显增加的原因	分析正确	不能准确说明扣5分	5		
		说明在测量三相设备直流电阻时，如本次测量结果和前次相比，阻值明显降低的原因	分析正确	不能准确说明扣5分	5		
		清理现场，整理工具	清理到位	不清理现场，未整理工具扣5分	5		
8	安全文明生产	遵守国家或企业有关安全规定；在规定时间内完成	遵守规定	1. 每违反一项规定，从总分中扣5分，严重违规者停止操作； 2. 每超时1min从总分扣5分，超时3min停止操作	10		
合计					100		

考评员：　　　　核分员：　　　　年　月　日

十六、使用快速直阻测试仪测量大型变压器直流电阻操作

1. 考试要求

(1) 按照规定断电，接线，准备，调零，测量，放电，分析。
(2) 必须穿戴劳动保护用品。
(3) 必须的工具、用具应准备齐全。
(4) 正确使用工具、用具。
(5) 符合安全文明生产。

2. 准备要求

设备准备：

序 号	名 称	规 格	数 量	备 注
1	三相变压器	三相电压 10kV 变压器	1台	
2	直流电阻快速测试仪		1台	

3. 考试的规定说明

(1) 如操作违章，将停止考试。
(2) 考试采用 100 分制，然后按鉴定比重折算。
(3) 具体考试要求同鉴定点。

4. 考试时限

(1) 准备时间：3min。
(2) 操作时间：20min。
(3) 从正式操作开始计时。
(4) 考试时，提前完成操作不加分，超过规定操作时间按规定标准评分。

5. 评分记录表

使用快速直阻测试仪测量大型变压器直流电阻操作评分记录表

操作时间：20min　　考生：　　操作用时：

序号	考核内容	操作规程	评分要素	评分标准	配分	扣分	得分
1	准备工作	准备直流电阻测量仪，被试品	准备齐全	多、少准备一样扣1分	5		
2	断电	将变压器停电、验电、放电，断开连接线	操作正确	未打开连接线扣10分	10		
3	接线	仪器放平、接线	接线正确	仪器未放平扣5分；接线错一处扣10分	15		
4	准备	“测量准备”键调至“准备”位置，选择好量程	操作正确	未放“准备”位置扣5分；量程选择不当扣5分	10		
5	调零	利用“调零”旋钮调零	操作正确	未调零扣5分	5		
6	测量读数	“测量准备”键调至“测量”位置，数据稳定后读数	操作正确	1. 未放至“测量”位置扣5分； 2. 未稳定即读数扣5分； 3. 读数错误扣10分（数据要求四位有效数字）	20		
7	放电	观察“放电指示”灯，待灯熄后，才能拆线	操作正确	不放电或未待灯熄就拆线扣10	10		
8	综合分析	说明本次测量结果和前次相比，阻值明显增加的原因	分析正确	不能准确说明扣5分	5		
		说明本次测量结果和前次相比，阻值明显降低的原因	分析正确	不能准确说明扣5分	5		
9	清理现场	清理现场，整理工具	清理到位	不清理现场、不整理工具扣5分	5		
10	安全文明生产	遵守国家或企业有关安全规定；在规定时间内完成	遵守规定	1. 每违反一项规定，从总分中扣5分，严重违规者停止操作； 2. 每超时1min，从总分扣5分，超时3min停止操作	10		
合计					100		

考评员：　　核分员：　　年　月　日

十七、识别三相异步电动机各部件名称

1. 考试要求

(1) 按照规定识别三相异步电动机各部件。
(2) 必须穿戴劳动保护用品。
(3) 必备的工具，用具应准备齐全。
(4) 正确使用工具、用具。
(5) 操作符合安全文明生产。
(6) 操作完毕，做到“工完、料净、场地清”。

2. 准备要求

设备准备：

序号	名称	规格	数量	备注
1	三相异步电动机	小容量	1台	

3. 考核规定说明

(1) 如操作违章，将停止考核。
(2) 考试采用百分制，然后按鉴定比重进行折算。
(3) 考试方式说明：本项目为实际操作，考试过程按评分标准及操作过程进行评分。
(4) 考试技能说明：本项目主要测试考生对三相异步电动机结构的熟悉程度。

4. 考核时限

(1) 准备工作：3min。
(2) 操作时间：25min。
(3) 正式操作开始计时，提前完成操作不加分，每超过1min从总分中扣5分，总超时3min停止工作，按完成项进行评分。

5. 评分记录表

识别三相异步电动机各部件名称评分记录表

操作时间：25min　　考生：　　操作用时：

序号	考核内容	操作规程	评分要素	评分标准	配分	扣分	得分
1	识别三相电动机铭牌	正确解读三相电动机铭牌	解读正确	不能识别三相电动机铭牌扣5分	5		

续表

序号	考核内容	操作规程	评分要素	评分标准	配分	扣分	得分
2	识别三相异步电动机各部件	识别三相电动机的机壳及机座	识别正确	不能识别三相电动机机壳及机座扣 5 分	5		
		识别三相电动机的定子绕组		不能识别三相电动机定子绕组扣 10 分	10		
		识别三相电动机的定子铁心		不能识别三相电动机定子铁心扣 10 分	10		
		识别三相电动机的接线盒及接线柱		不能识别三相电动机接线盒及接线柱扣 10 分	10		
		识别三相电动机的转轴		不能识别三相电动机转轴扣 10 分	10		
		识别三相电动机的转子铁心		不能识别三相电动机转子铁心扣 10 分	10		
		识别三相电动机的轴承		不能识别三相电动机轴承扣 10 分	10		
		识别三相电动机的端盖		不能识别三相电动机端盖扣 10 分	10		
		识别三相电动机的轴承盖		不能识别三相电动机轴承盖扣 10 分	10		
3	安全文明操作	遵守国家或企业有关安全规定；在规定时间内完成	遵守规定	1. 每违反一项规定，从总分中扣 5 分，严重违规者停止操作； 2. 每超过 1min，从总分中扣 5 分，超过 3min 停止操作	10		
合　计					100		

考评员：　　　　核分员：　　　　年　月　日

十八、识别三相配电变压器各部件名称

1. 考核要求

（1）按照规定识别三相配电变压器各部件。
（2）必须穿戴劳动保护用品。
（3）必备的工具、用具应准备齐全。
（4）正确使用工具、用具。
（5）操作符合安全文明生产。
（6）操作完毕，做到“工完、料净、场地清”。

2. 准备要求

设备准备：

序　号	名　称	规　格	数　量	备　注
1	三相配电变压器	小容量	1台	

3. 考核规定说明

（1）如操作违章，将停止考核。
（2）考试采用百分制，然后按鉴定比重进行折算。
（3）考核方式说明：本项目为实际操作，考核过程按评分标准及操作过程进行评分。
（4）考核技能说明：本项目主要测试考生对三相配电变压器结构的熟悉程度。

4. 考核时限

（1）准备工作：3min。
（2）正式操作时间：25min。
（3）正式操作开始计时，提前完成操作不加分，每超过1min从总分中扣5分，总超时3min停止工作，按完成项进行评分。

5. 评分记录表

识别三相配电变压器各部件名称评分记录表

操作时间：25min　　考生：　　操作用时：

序号	考核内容	操作规程	评分要素	评分标准	配分	扣分	得分
1	识别三相配电变压器铭牌	正确解读三相配电变压器铭牌	解读正确	不能正确识别三相配电变压器铭牌扣5分	5		

续表

序号	考核内容	操作规程	评分要素	评分标准	配分	扣分	得分
2	识别三相配电变压器各部件	识别三相配电变压器储油柜	识别正确	不能正确识别三相配电变压器储油柜扣5分	5		
		识别三相配电变压器油标		不能正确识别三相配电变压器油标扣5分	5		
		识别三相配电变压器温度计		不能正确识别三相配电变压器温度计扣5分	5		
		识别三相配电变压器高压套管		不能正确识别三相配电变压器高压套管扣5分	5		
		识别三相配电变压器低压套管		不能正确识别三相配电变压器低压套管扣5分	5		
		识别三相配电变压器分接开关		不能正确识别三相配电变压器分接开关扣5分	5		
		识别三相配电变压器油箱及油箱盖		不能正确识别三相配电变压器油箱及油箱盖扣10分	10		
		识别三相配电变压器散热片		不能正确识别三相配电变压器散热片扣10分	10		
		识别三相配电变压器气体继电器		不能正确识别三相配电变压器气体继电器扣10分	10		
		识别三相配电变压器放油阀		不能正确识别三相配电变压器放油阀扣10分	10		
		识别三相配电变压器防爆管		不能正确识别三相配电变压器防爆管扣10分	10		
		识别三相配电变压器吸湿器		不能正确识别三相配电变压器吸湿器扣10分	10		
3	安全文明操作	遵守国家或企业有关安全规定；操作过程中严格遵守“四不伤害”原则	遵守规定	1. 严重违规取消考核； 2. 因操作不当造成人身伤害，从总分中扣10分	10		
合　计					100		

考评员：　　　　核分员：　　　　年　月　日

十九、识读白炽灯照明电路原理图

1. 考核要求

（1）按照规定根据原理图说明各元件符号名称；叙述工作原理；根据用电设备的性质和容量，选择电器元件及导线规格。

（2）必须穿戴劳动保护用品。

（3）必备的工具、用具应准备齐全。

（4）正确使用工具、用具。

（5）操作符合安全文明生产。

（6）操作完毕，做到“工完、料净、场地清”。

2. 准备要求

设备准备：

序 号	名 称	规 格	数 量	备 注
1	电路图		1 张	

3. 考核规定说明

（1）如操作违章，将停止考核。

（2）考试采用百分制，然后按鉴定比重进行折算。

（3）考核方式说明：本项目为实际操作，考核过程按评分标准及操作过程进行评分。

（4）考核技能说明：本项目主要测试考生对白炽灯照明电路的熟悉程度。

4. 考试时限

（1）准备时间：3min。

（2）操作时间：15min。

（3）正式操作开始计时，提前完成操作不加分，每超过 1min 从总分中扣 5 分，总超时 3min 停止工作，按完成项进行评分。

5. 评分记录表

识读白炽灯照明电路原理图评分记录表

操作时间：15min　　　　考生：　　　　操作用时：

序号	考核内容	操作规程	评分要素	评分标准	配分	扣分	得分
1	准备工作	准备电路图、纸、笔	准备齐全	多、少准备一件扣 5 分	5		

续表

序号	考核内容	操作规程	评分要素	评分标准	配分	扣分	得分
2	根据原理图说明各元件符号名称	说明各元件符号名称	说明正确	1. 多、少说明各元件符号名称，一处扣5分； 2. 不能说明各元件符号名称扣5分	10		
3	叙述工作原理	根据原理图说明工作原理	说明正确	1. 不能根据原理图叙述工作原理扣10分； 2. 叙述工作原理时有错误扣15分； 3. 叙述工作原理时无逻辑性扣15分	40		
4	根据用电设备的性质和容量，选择电器元件及导线规格	根据200W白炽灯选择电器元件：说明电源总开关容量、灯座容量、开关 K_1、K_2 容量	选择正确	1. 不能说明电源总开关容量扣10分； 2. 不能说明灯座容量扣10分； 3. 不能说明开关 K_1、K_2 容量扣5分	25		
		根据40W照明灯选择导线截面		不能说明导线截面扣10分	10		
5	安全文明生产	遵守国家或企业有关安全规定；在规定时间内完成	遵守规定	1. 每违反一项规定，从总分中扣5分；严重违规者停止操作； 2. 每超过1min，从总分中扣5分，超过3min停止操作	10		
	合计				100		

考评员：　　　　核分员：　　　　年　月　日

中级工

二十、安装日光灯照明线路操作

1. 考核要求

（1）按照规定识图、接线，试验。
（2）必须穿戴劳动保护用品。
（3）必备工具、用具准备齐全。
（4）正确使用工具、用具。
（5）操作规程符合安全文明操作。
（6）操作完毕，做到“工完、料净、场地清”。

2. 准备要求

（1）设备准备：

序号	名称	规格	数量	备注
1	日光灯原理图		1张	
2	日光灯管	30W 或 40W	1个	
3	日光灯座	30W 或 40W	2个	
4	整流器	30W 或 40W	1个	
5	启辉器	30W 或 40W	1个	
6	导线	$1mm^2$	3m	

（2）工具准备：

序号	名称	规格	数量	备注
1	电工刀		1把	
2	钢丝钳		1把	
3	剥线钳		1把	
4	扳手		1把	
5	一字螺钉旋具		1把	
6	十字螺钉旋具		1把	
7	尖嘴钳		1把	
8	万用表		1块	

3. 考核规定说明

（1）如操作违章，将停止考核。

（2）考试采用百分制，然后按鉴定比重进行折算。

（3）考核方式说明：本项目为实际操作，考核过程按评分标准及操作过程进行评分。

（4）考核技能说明：本项目主要测试考生对安装日光灯照明线路操作的熟悉程度。

4. 考试时限

（1）准备时间：3min。

（2）操作时间：30min。

（3）正式操作开始计时，提前完成操作不加分，每超过 1min 从总分中扣 5 分，总超时 3min 停止工作，按完成项进行评分。

5. 评分记录表

安装日光灯照明线路操作评分记录表

操作时间：30min　　考生：　　操作用时：

序号	考核内容	操作规程	评分要素	评分标准	配分	扣分	得分
1	准备工作	准备钢丝钳、尖嘴钳、一字螺钉旋具、十字螺钉旋具、剥线钳、电工刀及万用表	准备正确	多、少准备一件扣 1 分	5		
2	操作项目	识图、检查元件	操作正确	1. 不会识图扣 5 分； 2. 未检查元件扣 5 分	10		
		接线		1. 元件安装松动或导线接触不良扣 5 分； 2. 少装 1 个元件扣 5 分； 3. 不按电气原理图接线扣 5 分； 4. 接点松动、露铜过长、绝缘包缠方法不正确，每处扣 5 分； 5. 损伤导线绝缘或线芯，每处扣 5 分； 6. 损坏元件一处扣 5 分； 7. 接线错误每处扣 5 分； 8. 整体布线较乱扣 5 分； 9. 绝缘恢复漏包，一处扣 5 分	65		
		通电试验		通电试验灯不亮扣 10 分	10		

续表

序号	考核内容	操作规程	评分要素	评分标准	配分	扣分	得分
3	安全文明生产	遵守国家或企业有关安全规定；在规定时间内完成	遵守规定	1. 每违反一项规定，从总分中扣 5 分；严重违规者停止操作； 2. 每超过 1min 从总分中扣 5 分，超过 3min 停止操作	10		
合计					100		

考评员： 核分员： 年 月 日

二十一、识读点动与连续运行控制电路原理图

1. 考试要求

（1）按照规定根据原理图说明各元件符号名称；说明主回路工作原理；说明控制回路工作原理；根据用电设备的性质和容量，选择电器元件及导线规格。

（2）必须穿戴劳动保护用品。

（3）必须的工具、用具应准备齐全。

（4）正确使用工具、用具。

（5）符合安全文明生产。

2. 准备要求

设备准备：

序号	名称	规格	数量	备注
1	电路图		1张	

3. 考试的规定说明

（1）如操作违章，将停止考试。

（2）考试采用100分制，然后按鉴定比重折算。

（3）具体考试要求同鉴定点。

4. 考试时限

（1）准备时间：3min。

（2）操作时间：25min。

（3）从正式操作开始计时。

（4）考试时，提前完成操作不加分，超过规定操作时间按规定标准评分。

5. 图解

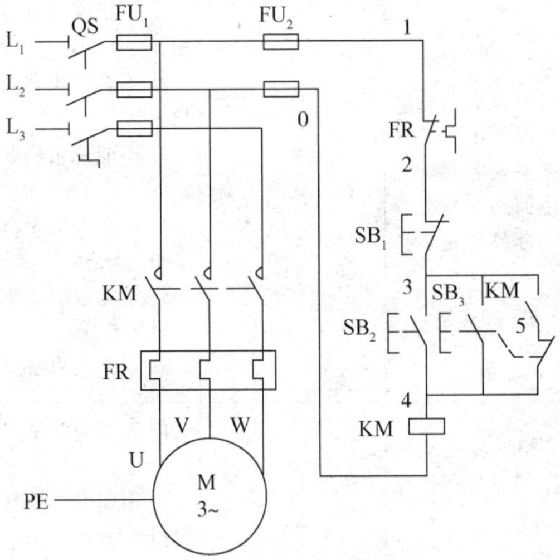

图 21-1 电路图

6. 评分记录表

识读点动与连续运行控制电路原理图评分记录表

操作时间：25min　　考生：　　操作用时：

序号	考核内容	操作规程	评分要素	评分标准	配分	扣分	得分
1	根据原理图说明各元件符号名称	1. 说明主回路部分各元件符号名称； 2. 说明控制回路部分各元件符号名称	说明完整正确	1. 多、少说明主回路部分各元件符号名称一处，扣5分； 2. 不能说明主回路部分各元件符号名称扣5分； 3. 多、少说明控制回路部分各元件符号名称，一处扣5分； 4. 不能说明控制回路部分各元件符号名称扣5分	20		
2	说明主回路工作原理	根据原理图说明主回路工作原理	说明完整正确	1. 不能根据原理图说明主回路工作原理扣5分； 2. 说明主回路工作原理时有错误扣5分； 3. 说明主回路工作原理时无逻辑性扣5分	15		
3	说明控制回路工作原理	据原理图说明控制回路工作原理	说明完整正确	1. 不能根据原理图说明控制回路工作原理扣5分； 2. 说明控制回路工作原理时有错误扣5分； 3. 说明控制回路工作原理时无逻辑性扣5分	15		

续表

序号	考核内容	操作规程	评分要素	评分标准	配分	扣分	得分
4	根据用电设备的性质和容量，选择电器元件及导线规格	根据30kW三相异步电动机选择电器元件：说明电源总开关容量、交流接触器容量、热继电器容量、主回路熔断器容量、控制电路熔断器容量、按钮容量	说明完整正确	1. 不能说明电源总开关容量扣5分； 2. 不能说明交流接触器容量扣5分； 3. 不能说明热继电器容量扣5分； 4. 不能说明主回路熔断器容量扣5分； 5. 不能说明控制电路熔断器容量扣5分； 6. 不能说明按钮容量扣5分	30		
		根据30kW三相异步电动机选择导线截面主回路导线、控制回路导线	说明完整正确	1. 不能说明主回路导线截面扣5分； 2. 不能说明控制回路导线截面扣5分	10		
5	安全文明生产	遵守国家或企业有关安全规定；在规定时间内完成	遵守规定	1. 每违反一项规定，从总分中扣5分，严重违规者停止操作； 2. 每超时1min，从总分扣5分，超时3min停止操作	10		
		合计			100		

考评员： 核分员： 年 月 日

二十二、识读接触器联锁正反转控制电路原理图

1. 考试要求

(1) 按照规定根据原理图说明各元件符号名称；说明主回路工作原理；说明控制回路工作原理；根据用电设备的性质和容量，选择电器元件及导线规格。

(2) 必须穿戴劳动保护用品。

(3) 必须的工具、用具应准备齐全。

(4) 正确使用工具、用具。

(5) 符合安全文明生产。

2. 准备要求

设备准备：

序 号	名 称	规 格	数 量	备 注
1	电路图		1张	

3. 考试的规定说明

(1) 如操作违章，将停止考试。

(2) 考试采用100分制，然后按鉴定比重折算。

(3) 具体考试要求同鉴定点。

4. 考试时限

(1) 准备时间：3min。

(2) 操作时间：20min。

(3) 从正式操作开始计时。

(4) 考试时，提前完成操作不加分，超过规定操作时间按规定标准评分。

5. 图解

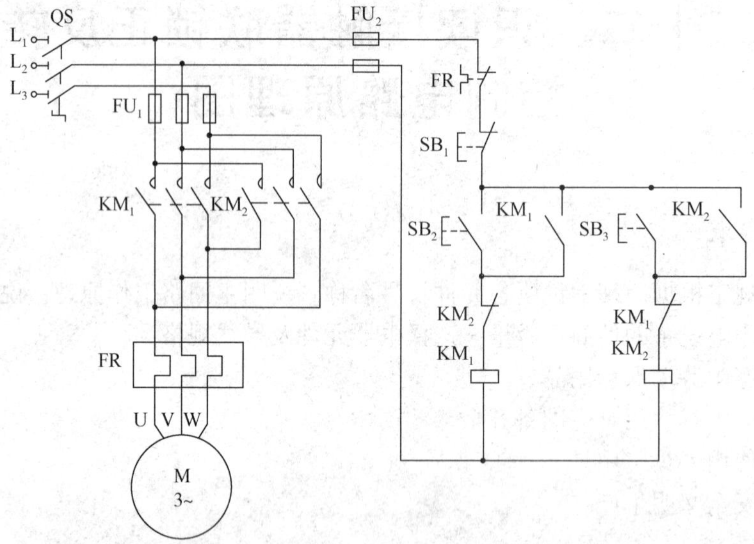

图 22-1　电路图

6. 评分记录表

识读接触器联锁正反转控制电路原理图评分记录表

操作时间：20min　　考生：　　操作用时：

序号	考核内容	操作规程	评分要素	评分标准	配分	扣分	得分
1	准备工作	准备电路图、纸、笔	准备齐全	多、少准备一件扣 1 分	5		
2	根据原理图说明各元件符号名称	1. 说明主回路部分各元件符号名称； 2. 说明控制回路部分各元件符号名称	说明完整正确	1. 多、少说明主回路部分各元件符号名称，一处扣 1 分； 2. 不能说明主回路部分各元件符号名称扣 5 分； 3. 多、少说明控制回路部分各元件符号名称，一处扣 1 分； 4. 不能说明控制回路部分各元件符号名称扣 5 分	20		
3	说明主回路工作原理	根据原理图说明主回路工作原理	说明完整正确	1. 不能根据原理图说明主回路工作原理扣 5 分； 2. 说明主回路工作原理时有错误扣 5 分； 3. 说明主回路工作原理时无逻辑性扣 5 分	15		
4	说明控制回路工作原理	据原理图说明控制回路工作原理	说明完整正确	1. 不能根据原理图说明控制回路工作原理扣 5 分； 2. 说明控制回路工作原理时有错误扣 5 分； 3. 说明控制回路工作原理时无逻辑性扣 5 分	15		

续表

序号	考核内容	操作规程	评分要素	评分标准	配分	扣分	得分
5	根据用电设备的性质和容量，选择电器元件及导线规格	根据30kW三相异步电动机选择电器元件：说明电源总开关容量、交流接触器容量、热继电器容量、主回路熔断器容量、控制电路熔断器容量、按钮容量	说明完整正确	1. 不能说明电源总开关容量扣5分； 2. 不能说明交流接触器容量扣5分； 3. 不能说明热继电器容量扣5分； 4. 不能说明主回路熔断器容量扣5分； 5. 不能说明控制电路熔断器容量扣5分； 6. 不能说明按钮容量扣5分	30		
		根据30kW三相异步电动机选择导线截面主回路导线、控制回路导线	说明完整正确	1. 不能说明主回路导线截面扣2分； 2. 不能说明控制回路导线截面扣3分	5		
6	安全文明生产	遵守国家或企业有关安全规定；在规定时间内完成	遵守规定	1. 每违反一项规定，从总分中扣5分，严重违规者停止操作； 2. 每超时1min，从总分中扣5分，超时3min停止操作	10		
合　计					100		

考评员：　　　　　　　　　　核分员：　　　　　　　　　　年　月　日

二十三、识读时间继电器自动控制 Y-△启动控制电路原理图

1. 考试要求

（1）按照规定根据原理图说明各元件符号名称；说明主回路工作原理；说明控制回路工作原理；根据用电设备的性质和容量，选择电器元件及导线规格。
（2）必须穿戴劳动保护用品。
（3）必须的工具、用具应准备齐全。
（4）正确使用工具、用具。
（5）符合安全文明生产。

2. 准备要求

设备准备：

序号	名称	规格	数量	备注
1	电路图		1张	

3. 考试的规定说明

（1）如操作违章，将停止考试。
（2）考试采用100分制，然后按鉴定比重折算。
（3）具体考试要求同鉴定点。

4. 考试时限

（1）准备时间：3min。
（2）操作时间：20min。
（3）从正式操作开始计时。
（4）考试时，提前完成操作不加分，超过规定操作时间按规定标准评分。

5. 图解

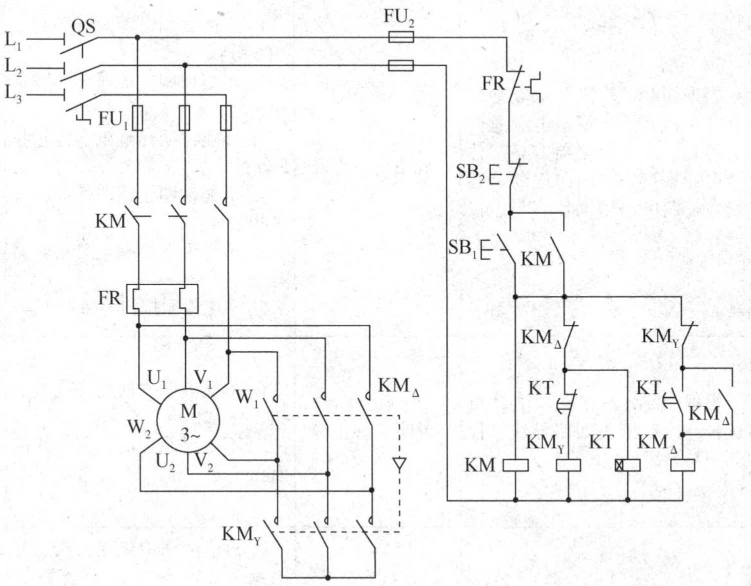

图 23-1　电路图

6. 评分记录表

识读时间继电器自动控制 Y-△启动控制电路原理图评分记录表

操作时间：20min　　考生：　　操作用时：

序号	考核内容	操作规程	评分要素	评分标准	配分	扣分	得分
1	准备工作	准备电路图、纸、笔	准备齐全	多、少准备一件扣 1 分	10		
2	根据原理图说明各元件符号名称	1. 说明主回路部分各元件符号名称； 2. 说明控制回路部分各元件符号名称	说明完整正确	1. 多、少说明主回路部分各元件符号名称，一处扣 1 分； 2. 不能说明主回路部分各元件符号名称扣 5 分； 3. 多、少说明控制回路部分各元件符号名称，一处扣 1 分； 4. 不能说明控制回路部分各元件符号名称扣 5 分	10		
3	说明主回路工作原理	根据原理图说明主回路工作原理	说明完整正确	1. 不能根据原理图说明主回路工作原理扣 5 分； 2. 说明主回路工作原理时有错误扣 5 分； 3. 说明主回路工作原理时无逻辑性扣 5 分	15		
4	说明控制回路工作原理	据原理图说明控制回路工作原理	说明完整正确	1. 不能根据原理图说明控制回路工作原理扣 5 分； 2. 说明控制回路工作原理时有错误扣 5 分； 3. 说明控制回路工作原理时无逻辑性扣 5 分	15		

续表

序号	考核内容	操作规程	评分要素	评分标准	配分	扣分	得分
5	根据用电设备的性质和容量，选择电器元件及导线规格	根据30kW三相异步电动机选择电器元件：说明电源总开关容量、交流接触器容量、热继电器容量、主回路熔断器容量、控制电路熔断器容量、按钮容量	说明完整正确	1. 不能说明电源总开关容量扣5分； 2. 不能说明交流接触器容量扣5分； 3. 不能说明热继电器容量扣5分； 4. 不能说明主回路熔断器容量扣5分； 5. 不能说明控制电路熔断器容量扣5分； 6. 不能说明按钮容量扣5分	30		
		根据30kW三相异步电动机选择导线截面主回路导线、控制回路导线	说明完整正确	1. 不能说明主回路导线截面扣5分； 2. 不能说明控制回路导线截面扣5分	10		
6	安全文明生产	遵守国家或企业有关安全规定；在规定时间内完成	遵守规定	1. 每违反一项规定，从总分中扣5分，严重违规者停止操作； 2. 每超时1min，从总分中扣5分，超时3min停止操作	10		
合　计					100		

考评员：　　　　核分员：　　　　年　月　日

二十四、识读按钮、接触器、中间继电器控制的补偿器降压启动原理图

1. 考试要求

(1) 按照规定根据原理图说明各元件符号名称；说明主回路工作原理；说明控制回路工作原理；根据用电设备的性质和容量，选择电器元件及导线规格。

(2) 必须穿戴劳动保护用品。

(3) 必须的工具、用具应准备齐全。

(4) 正确使用工具、用具。

(5) 符合安全文明生产。

2. 准备要求

设备准备：

序号	名称	规格	数量	备注
1	电路图		1张	

3. 考试的规定说明

(1) 如操作违章，将停止考试。

(2) 考试采用100分制，然后按鉴定比重折算。

(3) 具体考试要求同鉴定点。

4. 考试时限：

(1) 准备时间：3min。

(2) 操作时间：20min。

(3) 从正式操作开始计时。

(4) 考试时，提前完成操作不加分，超过规定操作时间按规定标准评分。

5. 图解

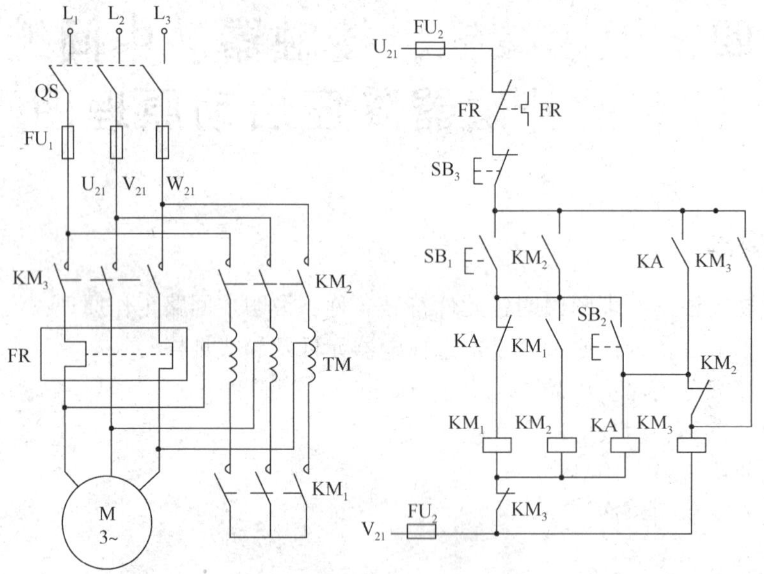

图 24-1　电路图

6. 评分记录表

识读按钮、接触器、中间继电器控制的补偿器降压启动原理图

操作时间：20min　　　　考生：　　　　操作用时：

序号	考核内容	操作规程	评分要素	评分标准	配分	扣分	得分
1	准备工作	准备电路图、纸、笔	准备齐全	多、少准备一件扣 1 分	10		
2	根据原理图说明各元件符号名称	1. 说明主回路部分各元件符号名称； 2. 说明控制回路部分各元件符号名称	说明完整正确	1. 多、少说明主回路部分各元件符号名称，一处扣 1 分； 2. 不能说明主回路部分各元件符号名称扣 5 分； 3. 多、少说明控制回路部分各元件符号名称，一处扣 1 分； 4. 不能说明控制回路部分各元件符号名称扣 5 分	10		
3	说明主回路工作原理	根据原理图说明主回路工作原理	说明完整正确	1. 不能根据原理图说明主回路工作原理扣 5 分； 2. 说明主回路工作原理时有错误扣 5 分； 3. 说明主回路工作原理时无逻辑性扣 5 分	15		
4	说明控制回路工作原理	据原理图说明控制回路工作原理	说明完整正确	1. 不能根据原理图说明控制回路工作原理扣 5 分； 2. 说明控制回路工作原理时有错误扣 5 分； 3. 说明控制回路工作原理时无逻辑性扣 5 分	15		

续表

序号	考核内容	操作规程	评分要素	评分标准	配分	扣分	得分
5	根据用电设备的性质和容量，选择电器元件及导线规格	根据 30kW 三相异步电动机选择电器元件：说明电源总开关容量、交流接触器容量、热继电器容量、主回路熔断器容量、控制电路熔断器容量、按钮容量	说明完整正确	1. 不能说明电源总开关容量扣 5 分； 2. 不能说明交流接触器容量扣 5 分； 3. 不能说明热继电器容量扣 5 分； 4. 不能说明主回路熔断器容量扣 5 分； 5. 不能说明控制电路熔断器容量扣 5 分； 6. 不能说明按钮容量扣 5 分	30		
		根据 30kW 三相异步电动机选择导线截面主回路导线、控制回路导线	说明完整正确	1. 不能说明主回路导线截面扣 5 分； 2. 不能说明控制回路导线截面扣 5 分	10		
6	安全文明生产	遵守国家或企业有关安全规定；在规定时间内完成	遵守规定	1. 每违反一项规定，从总分中扣 5 分，严重违规者停止操作； 2. 每超时 1min，从总分中扣 5 分，超时 3min 停止操作	10		
合　计					100		

考评员：　　　　　　　　　　核分员：　　　　　　　　　　年　月　日

二十五、识读双速交流异步电动机变速控制电路原理图

1. 考试要求

（1）按照规定根据原理图说明各元件符号名称；说明主回路工作原理；说明控制回路工作原理；根据用电设备的性质和容量，选择电器元件及导线规格。

（2）必须穿戴劳动保护用品。

（3）必须的工具、用具应准备齐全。

（4）正确使用工具、用具。

（5）符合安全文明生产。

2. 准备要求

设备准备：

序　号	名　称	规　格	数　量	备　注
1	电路图		1张	

3. 考试的规定说明

（1）如操作违章，将停止考试。

（2）考试采用100分制，然后按鉴定比重折算。

（3）具体考试要求同鉴定点。

4. 考试时限

（1）准备时间：3min。

（2）操作时间：30min。

（3）从正式操作开始计时。

（4）考试时，提前完成操作不加分，超过规定操作时间按规定标准评分。

5. 图解

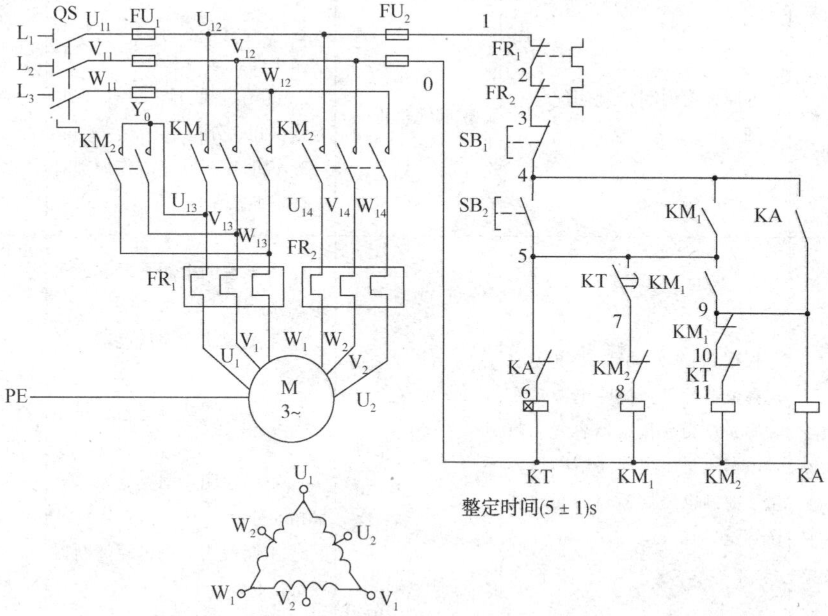

图 25-1　电路图

6. 评分记录表

识读双速交流异步电动机变速控制电路原理图评分记录表

操作时间：30min　　　　考生：　　　　操作用时：

序号	考核内容	操作规程	评分要素	评分标准	配分	扣分	得分
1	准备工作	准备电路图、纸、笔	准备齐全	多、少准备一件扣 1 分	10		
2	根据原理图说明各元件符号名称	1. 说明主回路部分各元件符号名称； 2. 说明控制回路部分各元件符号名称	说明完整正确	1. 多、少说明主回路部分各元件符号名称，一处扣 1 分； 2. 不能说明主回路部分各元件符号名称扣 5 分； 3. 多、少说明控制回路部分各元件符号名称，一处扣 1 分； 4. 不能说明控制回路部分各元件符号名称扣 5 分	10		
3	说明主回路工作原理	根据原理图说明主回路工作原理	说明完整正确	1. 不能根据原理图说明主回路工作原理扣 5 分； 2. 说明主回路工作原理时有错误扣 5 分； 3. 说明主回路工作原理时无逻辑性扣 5 分	15		

续表

序号	考核内容	操作规程	评分要素	评分标准	配分	扣分	得分
4	说明控制回路工作原理	据原理图说明控制回路工作原理	说明完整正确	1. 不能根据原理图说明控制回路工作原理扣5分； 2. 说明控制回路工作原理时有错误扣5分； 3. 说明控制回路工作原理时无逻辑性扣5分	15		
5	根据用电设备的性质和容量，选择电器元件及导线规格	根据30kW三相异步电动机选择电器元件：说明电源总开关容量、交流接触器容量、热继电器容量、主回路熔断器容量、控制电路熔断器容量、按钮容量	说明完整正确	1. 不能说明电源总开关容量扣5分； 2. 不能说明交流接触器容量扣5分； 3. 不能说明热继电器容量扣5分； 4. 不能说明主回路熔断器容量扣5分； 5. 不能说明控制电路熔断器容量扣5分； 6. 不能说明按钮容量扣5分	30		
		根据30kW三相异步电动机选择导线截面主回路导线、控制回路导线	说明完整正确	1. 不能说明主回路导线截面扣5分； 2. 不能说明控制回路导线截面扣5分	10		
6	安全文明生产	遵守国家或企业有关安全规定；在规定时间内完成	遵守规定	1. 每违反一项规定，从总分中扣5分，严重违规者停止操作； 2. 每超时1min，从总分扣5分，超时3min停止操作	10		
合计					100		

考评员： 核分员： 年 月 日

二十六、安装单相电度表操作

1. 考核要求

（1）按照原理图及相关的规定和工艺要求准备元器件，完成电路安装、接线、调试。
（2）必须穿戴劳动保护用品。
（3）设备、材料、工器具准备齐全，正确使用。
（4）操作规程符合安全文明操作。
（5）按规定完成操作项目，质量达到技术要求。
（6）操作完毕，做到“工完、料净、场地清”。

2. 准备要求

（1）设备准备：

序 号	名 称	规 格	数 量	备 注
1	单相电度表	DD862	1块	
2	高分断小型断路器	NB1-63，10A，2极	1台	
3	灯泡	220V，15W	1只	
4	灯座	10A	1个	
5	三相四线插头	NO：199	1个	
6	数字式万用表	DT890	1块	

（2）材料准备：

序 号	名 称	规 格	数 量	备 注
1	塑铜线	1.5mm^2	10m	
2	多股绝缘塑料导线	2.5mm^2	各5m	黄、绿、红、蓝
3	细木工板	40cm×50cm	1块	
4	自攻螺丝	长度20 mm	20个	
5	端子排	JD_0-1020，380V，10A	30节	

（3）工具、用具准备：

序 号	名 称	规 格	数 量	备 注
1	一字螺钉旋具		1把	
2	十字螺钉旋具		1把	
3	尖嘴钳		1把	

续表

序　号	名　称	规　格	数　量	备　注
4	剥线钳		1把	
5	低压验电器	500V	1个	
6	线手套		1副	

3. 操作程序说明

(1) 安装电路。
(2) 通电试验。
(3) 清理现场。
(4) 安全文明操作。

4. 考核规定说明

(1) 如操作违章或未按操作程序执行操作，将停止考核。
(2) 考核采用百分制，考核项目得分按鉴定比重进行折算。
(3) 考核方式说明：该项目为实际操作(结果型)，考核过程按评分标准及操作过程进行评分。
(4) 测量技能说明：本项目主要测量考生对安装单相电度表操作的熟练程度。

5. 考核时限

(1) 准备时间：5min，完成工具、用具、元器件的检查、准备工作。
(2) 正式操作时间：60min，从正式操作开始计时，到时停止操作。
(3) 提前完成操作不加分，到时停止操作考核。

6. 评分记录表

安装单相电度表操作评分记录表

操作时间：60min　　　　考生：　　　　操作用时：

序号	考核内容	操作规程	评分要素	评分标准	配分	扣分	得分
1	准备	1. 工具、仪表准备； 2. 元件检查； 3. 元件准备	准备齐全	1. 未检查工具、仪表扣5分； 2. 未检查元件扣5分	10		
2	元件安装	1. 元件布置； 2. 元件固定	布置规定正确	1. 元件布局不合理，扣3分； 2. 元件安装错误，每多装、少装一件，每处扣3分； 3. 安装元件不牢固，每处扣1分； 4. 漏装螺钉，每处扣1分； 5. 以上4项累计扣分，12分扣完为止	10		

续表

序号	考核内容	操作规程	评分要素	评分标准	配分	扣分	得分
3	接线	布线、接线工艺	符合工艺	1. 电压线圈接错扣5分； 2. 电流线圈接错扣5分； 3. 灯开关接零线扣5分； 4. 灯口螺口接相线扣5分； 5. 插座未按左零右火接线扣5分； 6. 插座未接保护零线扣5分； 7. 接线较乱布线未横平、竖直、角度不规范，每处扣1分； 8. 连接点松动，每处扣1分； 9. 露铜过长，每处扣1分； 10. 压绝缘层，每处扣1分； 11. 返圈，每处扣1分； 12. 绝缘层损伤，每处扣1分； 13. 线芯损伤，每处扣1分； 14. 少完成接线，每处扣5分； 15. 以上14项累计扣分，30分，扣完为止	40		
4	通电试验	功能测试	测试正常	1. 电度表反转扣5分； 2. 有一个灯泡不亮扣5分； 3. 电度表铝盘不转动扣5分； 4. 插座无电压扣5分	20		
5	其他	1. 劳保佩戴； 2. 仪表使用、元件损坏情况； 3. 安全操作	遵守规定	1. 劳保未穿戴整齐或违反一项规定，从总分中扣5分； 2. 不会使用仪表、损坏仪表或元件，从总分中扣5分； 3. 违反安全规定，从总分中扣5分，严重违规者或有触电行为停止操作； 4. 未拆除连接线及清理现场扣5分	20		
合计					100		

考评员： 核分员： 年 月 日

二十七、安装三相四线有功电度表操作

1. 考核要求

(1) 按照原理图及相关的规定和工艺要求准备元器件，完成电路安装、接线、调试。
(2) 必须穿戴劳动保护用品。
(3) 设备、材料、工器具准备齐全，正确使用。
(4) 操作规程符合安全文明操作。
(5) 按规定完成操作项目，质量达到技术要求。
(6) 操作完毕，做到“工完、料净、场地清”。

2. 准备要求

(1) 设备准备：

序　号	名　称	规　格	数　量	备　注
1	三相电度表	DD862	1 块	
2	高分断小型断路器	NB1-63，10A，2 极	1 台	
3	灯泡	220V，15W	1 只	
4	灯座	10A	1 个	
5	三相四线插头	NO：199	1 个	
6	数字式万用表	DT890	1 块	

(2) 材料准备：

序　号	名　称	规　格	数　量	备　注
1	塑铜线	1.5mm^2	10m	
2	多股绝缘塑料导线	2.5mm^2	各 5m	黄、绿、红、蓝
3	细木工板	40cm×50cm	1 块	
4	自攻螺丝	长度 20mm	20 个	
5	端子排	JD_0-1020，380V，10A	30 节	

(3) 工具、用具准备：

序　号	名　称	规　格	数　量	备　注
1	一字螺钉旋具		1 把	
2	十字螺钉旋具		1 把	
3	尖嘴钳		1 把	

续表

序　号	名　称	规　格	数　量	备　注
4	剥线钳		1把	
5	低压验电器	500V	1个	
6	线手套		1副	

3. 操作程序说明

(1) 安装电路。
(2) 通电试验。
(3) 清理现场。
(4) 安全文明操作。

4. 考核规定说明:

(1) 如操作违章或未按操作程序执行操作，将停止考核。
(2) 考核采用百分制，考核项目得分按鉴定比重进行折算。
(3) 考核方式说明：该项目为实际操作(结果型)，考核过程按评分标准及操作过程进行评分。
(4) 测量技能说明：本项目主要测量考生对安装单相电度表操作的熟练程度。

5. 考核时限

(1) 准备时间：5min，完成工具、用具、元器件的检查、准备工作。
(2) 正式操作时间：60min，从正式操作开始计时，到时停止操作。
(3) 提前完成操作不加分，到时停止操作考核。

6. 评分记录表

安装三相四线有功电度操作表评分记录表

操作时间：60min　　考生：　　操作用时：

序号	考核内容	操作规程	评分要素	评分标准	配分	扣分	得分
1	准备	1. 工具、仪表准备； 2. 元件检查； 3. 元件准备	准备齐全	1. 未检查工具、仪表扣5分； 2. 未检查元件扣5分	10		
2	元件安装	1. 元件布置； 2. 元件固定	布置规定正确	1. 元件布局不合理扣3分； 2. 元件安装错误，每多装、少装一件，每处扣3分； 3. 安装元件不牢固，每处扣1分； 4. 漏装螺钉，每处扣1分； 5. 以上4项累计扣分，10分扣完为止	10		

续表

序号	考核内容	操作规程	评分要素	评分标准	配分	扣分	得分
3	接线	布线、接线工艺	符合工艺	1. 电压线圈接错扣5分； 2. 电流线圈接错扣5分； 3. 灯开关接零线扣5分； 4. 灯口螺口接相线扣5分； 5. 插座未按左零右火接线扣5分； 6. 插座未接保护零线扣5分； 7. 接线较乱布线未横平、竖直、角度不规范，每处扣1分； 8. 连接点松动，每处扣1分； 9. 露铜过长，每处扣1分； 10. 压绝缘层，每处扣1分； 11. 返圈，每处扣1分； 12. 绝缘层损伤，每处扣1分； 13. 线芯损伤，每处扣1分； 14. 少完成接线，每处扣5分； 15. 元件布局不合理，扣3分	40		
4	通电试验	功能测试	测试正常	1. 电度表反转扣5分； 2. 有一个灯泡不亮扣5分； 3. 电度表铝盘不转动扣5分； 4. 插座无电压扣5分	20		
5	其他	1. 劳保佩戴； 2. 仪表使用、元件损坏情况； 3. 安全操作	遵守规定	1. 劳保未穿戴整齐或违反一项规定，从总分中扣5分； 2. 不会使用仪表、损坏仪表或元件，从总分中扣5分； 3. 违反安全规定，从总分中扣5分，严重违规者或有触电行为停止操作； 4. 未拆除连接线及清理现场扣5分	20		
合计					100		

考评员：　　　　核分员：　　　　年　月　日

二十八、安装白炽灯照明电路（两只开关两地控制一盏灯）操作

1. 考核要求

（1）按照原理图及相关的规定和工艺要求准备元器件，完成电路安装、接线、调试。
（2）必须穿戴劳动保护用品。
（3）工具、量具、用具准备齐全，正确使用。
（4）操作规程符合安全文明操作。
（5）按规定完成操作项目，质量达到技术要求。
（6）操作完毕，做到"工完、料净、场地清"。

2. 准备要求

（1）设备准备：

序号	名称	规格	数量	备注
1	白炽灯	30W 或 40W	1只	
2	白炽灯灯座	30W 或 40W	1个	
3	单开双控开关		2个	
4	熔断器	RT18-32X	1个	

（2）材料准备：

序号	名称	规格	数量	备注
1	原理图		1张	
2	铜芯导线	BV-500，1.5mm^2	各1.5m	黄、绿、红、蓝

（3）工具、用具准备：

序号	名称	规格	数量	备注
1	剥线钳		1把	
2	一字螺钉旋具		1把	
3	十字螺钉旋具		1把	
4	万用表	500型或其他	1块	

3. 操作程序说明

（1）安装电路。

（2）通电试验。

（3）安全文明操作。

4. 考核规定说明：

（1）如操作违章或未按操作程序执行操作，将停止考核。

（2）考核采用百分制，考核项目得分按鉴定比重进行折算。

（3）考核方式说明：该项目为实际操作(结果型)，考核过程按评分标准及操作过程进行评分。

（4）测量技能说明：本项目主要测量考生对安装白炽灯照明电路操作的熟练程度。

5. 考核时限

（1）准备时间：5min，完成工具、用具、元器件的检查、准备工作。

（2）正式操作时间：60min，从正式操作开始计时，到时停止操作。

（3）提前完成操作不加分，到时停止操作考核。

6. 评分记录表

安装白炽灯照明电路(两只开关两地控制一盏灯)操作评分记录表

操作时间：60min　　考生：　　操作用时：

序号	考核内容	操作规程	评分要素	评分标准	配分	扣分	得分
1	安装电路	按图安装电路	安装正确	1. 未按图安装电路扣60分； 2. 接点松动，每处扣2分(共计20分)； 3. 接点露铜过长，每处扣2分(共计20分)； 4. 导线交叉扣5分； 5. 反圈，每处扣2分(共计4分)； 6. 损坏元件或损伤导线扣6分； 7. 整体布线未平直扣5分	50		
2	通电试验	用万用表(电阻法)检测线路，通电试验	测试正常	1. 未实现功能扣20分； 2. 灯座接线错误扣15分； 3. 熔断器接线错扣10分； 4. 开关接线错误扣15分	30		
3	清理现场	清理现场	清理到位	未清理现场，从总分中扣5分	10		
4	安全文明操作	按国家或企业颁发有关安全规定执行操作	遵守规定	每违反一项规定，从总分中扣5分，严重违规取消考核	10		
合　计					100		

考评员：　　核分员：　　年　月　日

二十九、安装单相三极及三相四极插座操作

1. 考核要求

（1）按照原理图及相关的规定和工艺要求准备元器件，完成电路安装、接线、调试。
（2）必须穿戴劳动保护用品。
（3）工具、量具、用具准备齐全，正确使用。
（4）操作规程符合安全文明操作。
（5）按规定完成操作项目，质量达到技术要求。
（6）操作完毕，做到“工完、料净、场地清”。

2. 准备要求

（1）设备准备：

序号	名称	规格	数量	备注
1	单相三极插座	10A	1个	
2	三相四极插座	15A	1个	
3	高分断小型断路器	NB1-63，10A，4极	1台	
4	三相四线插头	NO：199	1个	

（2）材料准备：

序号	名称	规格	数量	备注
1	塑铜线	1.5mm^2	各5m	黄、绿、红、蓝、黄绿相间
2	多股绝缘塑料导线	2.5mm^2	各5m	黄、绿、红、蓝
3	细木工板	40cm×50cm	1块	
4	自攻螺丝	长度20mm	20个	
5	端子排	JD_0-1020，380V，10 A	30节	

（3）工具、用具准备：

序号	名称	规格	数量	备注
1	一字螺钉旋具		1把	
2	十字螺钉旋具		1把	
3	尖嘴钳		1把	
4	剥线钳		1把	
5	数字式万用表	DT890	1块	

3. 操作程序说明

（1）安装电路。
（2）清理现场。
（3）安全文明操作。

4. 考核规定说明

（1）如操作违章或未按操作程序执行操作，将停止考核。
（2）考核采用百分制，考核项目得分按鉴定比重进行折算。
（3）考核方式说明：该项目为实际操作（结果型），考核过程按评分标准及操作过程进行评分。
（4）测量技能说明：本项目主要测量考生对安装单相三极及三相四极插座操作的熟练程度。

5. 考核时限

（1）准备时间：5min，完成工具、用具、元器件的检查、准备工作。
（2）正式操作时间：60min，从正式操作开始计时，到时停止操作。
（3）提前完成操作不加分，到时停止操作考核。

6. 评分记录表

安装单相三极及三相四极插座操作评分记录表

操作时间：60min　　考生：　　操作用时：

序号	考核内容	操作规程	评分要素	评分标准	配分	扣分	得分
1	安装电路	安装单相三极插座	安装正确	1. 相线位置接错扣6分； 2. 零线位置接错扣6分； 3. 地线位置接错扣6分； 4. 相线颜色选错扣6分； 5. 零线颜色选错扣6分； 6. 地线颜色选错扣6分； 7. 接点松动、露铜过长、压绝缘层，每处扣1分(最多扣5分)； 8. 损坏元件扣10分	40		
		安装三相四级插座	测试正常	1. 相线位置接错扣6分； 2. 零线位置接错扣6分； 3. 相线颜色选错，一处扣5分； 4. 零线颜色选错扣6分； 5. 接点松动、露铜过长、压绝缘层，每处扣1分(最多扣6分)； 6. 损坏元件扣10分	40		

续表

序号	考核内容	操作规程	评分要素	评分标准	配分	扣分	得分
2	清理现场	清理现场	清理到位	未清理现场，从总分中扣5分	10		
3	安全文明操作	按国家或企业颁发有关安全规定执行操作	遵守规定	每违反一项规定，从总分中扣5分，严重违规取消考核	10		
合计					100		

考评员：　　　　核分员：　　　　年　月　日

三十、安装点动与连续控制电路操作

1. 考核要求

(1) 按照原理图及相关的规定和工艺要求准备元器件，完成电路安装、接线、调试。
(2) 必须穿戴劳动保护用品。
(3) 工具、用具准备齐全，正确使用。
(4) 操作规程符合安全文明操作。
(5) 按规定完成操作项目，质量达到技术要求。
(6) 操作完毕，做到“工完、料净、场地清”。

2. 准备要求

(1) 设备准备：

序 号	名 称	规 格	数 量	备 注
1	三相异步电动机	Y—132M-4，5.5kW	1台	三相异步电动机
2	实训网板	不锈钢500mm×600mm	1块	
3	三相空开	20A	1个	
4	熔断器	RT28N-32X 3P	5个	
5	熔断器保险	3A	10个	
6	交流接触器	CJX2-0910，380V	2个	
7	热继电器	JR36-20	2个	
8	按钮开关盒	LA4-3H3位	2个	
9	端子排	JD_0-1020，380V，10 A	30节	
10	C45空开铁导轨	30cm	4节	

(2) 材料准备：

序 号	名 称	规 格	数 量	备 注
1	主回路导线	2.5mm^2	10m	
2	控制回路导线	1.0mm^2	10m	

(3) 工具、用具准备：

序 号	名 称	规 格	数 量	备 注
1	一字螺钉旋具		1把	
2	十字螺钉旋具		1把	
3	尖嘴钳		1把	
4	老虎钳		1把	

续表

序 号	名 称	规 格	数 量	备 注
5	剥线钳		1把	
6	数字式万用表	DT890	1块	

3. 操作程序说明

（1）安装电路。

（2）清理现场。

（3）安全文明操作。

4. 考核规定说明

（1）如操作违章或未按操作程序执行操作，将停止考核。

（2）考核采用百分制，考核项目得分按鉴定比重进行折算。

（3）考核方式说明：该项目为实际操作（结果型），考核过程按评分标准及操作过程进行评分。

（4）测量技能说明：本项目主要测量考生对安装点动与连续控制电路操作的熟练程度。

5. 考核时限

（1）准备时间：5min，完成工具、用具、元器件的检查、准备工作。

（2）正式操作时间：60min，从正式操作开始计时，到时停止操作。

（3）提前完成操作不加分，到时停止操作考核。

6. 图解

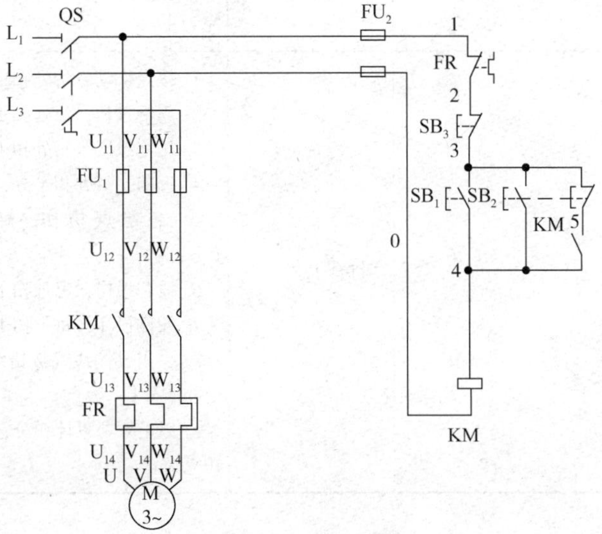

图 30-1 电路图

7. 评分记录表

安装点动与连续控制电路操作评分记录表

操作时间：60min　　　　考生：　　　　操作用时：

序号	考核内容	操作规程	评分要素	评分标准	配分	扣分	得分
1	准备	1. 工具、仪表准备； 2. 元件检查； 3. 元件准备	准备齐全，检查正确到位	1. 未检查工具、仪表扣2分； 2. 未检查元件扣3分	5		
2	元件安装	1. 元件布置； 2. 元件固定	布置固定正确	1. 元件布局不合理，扣3分； 2. 元件安装错误，每多装、少装一件，每处扣3分； 3. 安装元件不牢固，每处扣1分； 4. 漏装螺钉，每处扣1分； 5. 以上4项累计扣分，10分扣完为止	10		
3	布线	布线工艺	符合工艺	1. 回路用线错误，扣5分； 2. 主回路和控制回路混杂，扣5分； 3. 布线明显交差，每处扣1分； 4. 布线未横平、竖直、角度不规范，每处扣1分； 5. 未安装线号或线号标识错误，每个扣1分； 6. 以上5项累计扣，15分扣完为止	15		
4	接线	接线工艺	符合工艺	1. 接点松动，每处扣1分； 2. 露铜过长，每处扣1分； 3. 压绝缘层，每处扣1分； 4. 返圈，每处扣1分； 5. 绝缘层损伤，每处扣1分； 6. 线芯损伤，每处扣1分； 7. 元件损坏，每个扣1分； 8. 少完成接线或接错线，每处扣5分； 9. 以上8项累计扣分，40分扣完为止	40		

续表

序号	考核内容	操作规程	评分要素	评分标准	配分	扣分	得分
5	通电试验	功能测试	测试正确	1. 点动运行功能不能实现扣5分； 2. 连续运行功能不能实现扣5分； 3. 过载保护功能不能实现扣5分	15		
6	其他	1. 劳保佩戴； 2. 仪表使用、元件损坏情况； 3. 安全操作	遵守规定	1. 劳保未穿戴整齐或违反一项规定，从总分中扣5分； 2. 损坏仪表、元件，每个，从总分中扣5分； 3. 违反安全规定，从总分中扣5分； 4. 严重违规者或有触电行为停止操作； 5. 未拆除连接线及清理现场扣10分	15		
合计					100		

考评员： 核分员： 年 月 日

三十一、安装顺序启动控制电路操作

1. 考核要求

(1) 按照原理图及相关的规定和工艺要求准备元器件，完成电路安装、接线、调试。
(2) 必须穿戴劳动保护用品。
(3) 工具、用具准备齐全，正确使用。
(4) 操作规程符合安全文明操作。
(5) 按规定完成操作项目，质量达到技术要求。
(6) 操作完毕，做到“工完、料净、场地清”。

2. 准备要求

(1) 设备准备：

序 号	名 称	规 格	数 量	备 注
1	三相异步电动机	Y—132M-4，5.5kW	2 台	三相异步电动机
2	实训网板	不锈钢 500mm×600mm	1 块	
3	三相空开	10A	1 个	
4	熔断器	RT28N-32X 3P	5 个	
5	熔断器保险	3A	10 个	
6	交流接触器	CJX2-0910，380V	2 个	
7	热继电器	JR36-20	2 个	
8	按钮开关盒	LA4-3H3 位	2 个	
9	端子排	JD_0-1020，380V，10A	30 节	
10	C45 空开铁导轨	30cm	4 节	

(2) 材料准备：

序 号	名 称	规 格	数 量	备 注
1	主回路导线	2.5mm^2	10m	
2	控制回路导线	1.0mm^2	10m	

(3) 工具、用具准备：

序 号	名 称	规 格	数 量	备 注
1	一字螺钉旋具		1 把	
2	十字螺钉旋具		1 把	
3	尖 嘴 钳		1 把	
4	老虎钳		1 把	

续表

序号	名称	规格	数量	备注
5	剥线钳		1把	
6	数字式万用表	DT890	1块	

3. 操作程序说明

（1）安装电路。

（2）清理现场。

（3）安全文明操作。

4. 考核规定说明

（1）如操作违章或未按操作程序执行操作，将停止考核。

（2）考核采用百分制，考核项目得分按鉴定比重进行折算。

（3）考核方式说明：该项目为实际操作(结果型)，考核过程按评分标准及操作过程进行评分。

（4）测量技能说明：本项目主要测量考生对安装顺序启动控制电路操作的熟练程度。

5. 考核时限

（1）准备时间：5min，完成工具、用具、元器件的检查、准备工作。

（2）正式操作时间：60min，从正式操作开始计时，到时停止操作。

（3）提前完成操作不加分，到时停止操作考核。

6. 图解

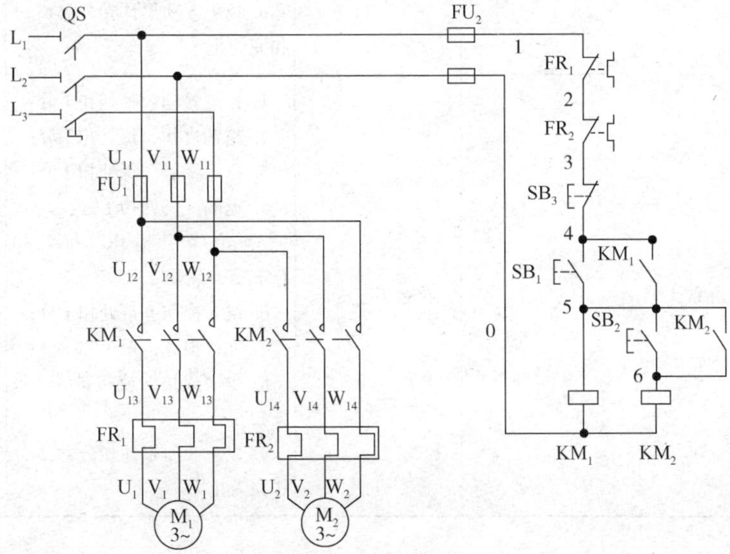

图 31-1　电路图

7. 评分记录表

安装顺序启动控制电路操作评分记录表

操作时间：60min　　考生：　　操作用时：

序号	考核内容	操作规程	评分要素	评分标准	配分	扣分	得分
1	准备	1. 工具、仪表准备； 2. 元件检查	准备齐全，检查正确到位	1. 未检查工具、仪表扣2分； 2. 元器件未检查扣3分	5		
2	元件安装	1. 元件布置； 2. 元件固定	布置固定正确	1. 元件布局不合理，扣3分； 2. 元件安装错误，每多装、少装一件，每处扣3分； 3. 安装元件不牢固，每处扣1分； 4. 漏装螺钉，每处扣1分 5. 以上4项累计扣分，10分扣完为止	10		
3	布线	布线工艺	符合工艺	1. 回路用线错误，扣5分； 2. 主回路和控制回路混杂，扣5分； 3. 布线明显交差，每处扣1分； 4. 布线未横平、竖直、角度不规范，每处扣1分； 5. 未安装线号或线号标识错误，每个扣1分； 6. 以上5项累计扣分，15分扣完为止	15		
4	接线	接线工艺	符合工艺	1. 接点松动，每处扣1分； 2. 露铜过长，每处扣1分； 3. 压绝缘层，每处扣1分； 4. 返圈，每处扣1分； 5. 绝缘层损伤，每处扣1分； 6. 线芯损伤，每处扣1分； 7. 元件损坏，每个扣1分； 8. 少完成接线或接错线，每处扣5分； 9. 以上8项累计扣分，35分扣完为止	35		

续表

序号	考核内容	操作规程	评分要素	评分标准	配分	扣分	得分
5	通电调试	功能测试	测试正确	1. 点动运行功能不能实现扣5分 2. 连续运行功能不能实现扣5分； 3. 过载保护功能不能实现扣5分	15		
6	其他	1. 劳保佩戴； 2. 仪表、元件损坏情况； 3. 安全操作	遵守规定	1. 劳保未穿戴整齐或违反一项规定，从总分中扣5分； 2. 损坏仪表、元件，每个从总分中扣5分； 3. 违反安全规定，从总分中扣5分，严重违规者或有触电行为停止操作； 4. 未拆除连接线及清理现场扣5分	20		
合计					100		

考评员： 核分员： 年 月 日

三十二、安装双重联锁正反转控制电路操作

1. 考核要求

（1）按照原理图及相关的规定和工艺要求准备元器件，完成电路安装、接线、调试。
（2）必须穿戴劳动保护用品。
（3）工具、用具准备齐全，正确使用。
（4）操作规程符合安全文明操作。
（5）按规定完成操作项目，质量达到技术要求。
（6）操作完毕，做到“工完、料净、场地清”。

2. 准备要求

（1）设备准备：

序 号	名 称	规 格	数 量	备 注
1	三相异步电动机	Y—132M-4，5.5kW	1台	三相异步电动机
2	实训网板	不锈钢 500mm×600mm	1块	
3	三相空开	10A	1个	
4	熔断器	RT28N-32X 3P	5个	
5	熔断器保险	3A	10个	
6	交流接触器	CJX2-0910，380V	2个	
7	热继电器	JR36-20	2个	
8	按钮开关盒	LA4-3H3位	2个	
9	端子排	JD_0-1020，380V，10A	30节	
10	C45空开铁导轨	30cm	4节	

（2）材料准备：

序 号	名 称	规 格	数 量	备 注
1	主回路导线	2.5mm^2	10m	
2	控制回路导线	1.0mm^2	10m	

（3）工具、用具准备：

序 号	名 称	规 格	数 量	备 注
1	一字螺钉旋具		1把	
2	十字螺钉旋具		1把	
3	尖 嘴 钳		1把	
4	老虎钳		1把	

续表

序 号	名 称	规 格	数 量	备 注
5	剥线钳		1把	
6	数字式万用表	DT890	1块	

3. 操作程序说明

(1) 安装电路。

(2) 清理现场。

(3) 安全文明操作。

4. 考核规定说明

(1) 如操作违章或未按操作程序执行操作，将停止考核。

(2) 考核采用百分制，考核项目得分按鉴定比重进行折算。

(3) 考核方式说明：该项目为实际操作(结果型)，考核过程按评分标准及操作过程进行评分。

(4) 测量技能说明：本项目主要测量考生对安装双重联锁正反转控制电路操作的熟练程度。

5. 考核时限

(1) 准备时间：5min，完成工具、用具、元器件的检查、准备工作。

(2) 正式操作时间：60min，从正式操作开始计时，到时停止操作。

(3) 提前完成操作不加分，到时停止操作考核。

6. 图解

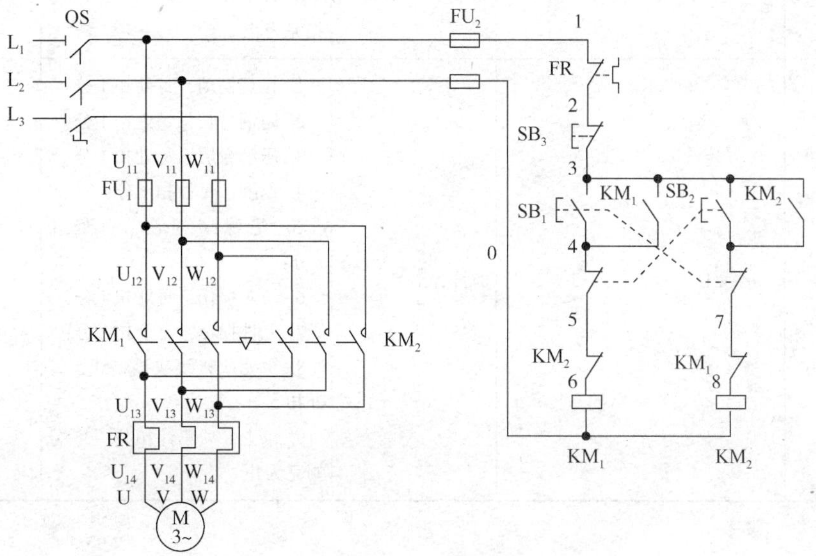

图 32-1 电路图

7. 评分记录表

安装双重联锁正反转控制电路操作评分记录表

操作时间：60min　　考生：　　操作用时：

序号	考核内容	操作规程	评分要素	评分标准	配分	扣分	得分
1	准备	1. 工具、仪表准备； 2. 元件检查	准备齐全，检查正确到位	1. 未检查工具、仪表扣2分； 2. 元器件未检查扣3分	5		
2	元件安装	1. 元件布置； 2. 元件固定	布置固定正确	1. 元件布局不合理，扣3分； 2. 元件安装错误，每多装、少装一件，每处扣3分； 3. 安装元件不牢固，每处扣1分； 4. 漏装螺钉，每处扣1分； 5. 以上4项累计扣分，10分扣完为止	10		
3	布线	布线工艺	符合工艺	1. 回路用线错误，扣5分； 2. 主回路和控制回路混杂，扣5分； 3. 布线明显交差，每处扣1分； 4. 布线未横平、竖直、角度不规范，每处扣1分； 5. 未安装线号或线号标识错误，每个扣1分； 6. 以上5项累计扣分，15分扣完为止	15		
4	接线	接线工艺	符合工艺	1. 接点松动，每处扣1分； 2. 露铜过长，每处扣1分； 3. 压绝缘层，每处扣1分； 4. 返圈，每处扣1分； 5. 绝缘层损伤，每处扣1分； 6. 线芯损伤，每处扣1分； 7. 元件损坏，每个扣1分； 8. 少完成接线或接错线，每处扣5分； 9. 以上8项累计扣分，35分扣完为止	35		

续表

序号	考核内容	操作规程	评分要素	评分标准	配分	扣分	得分
5	通电调试	功能测试	测试正确	1. 点动运行功能不能实现扣5分； 2. 连续运行功能不能实现扣5分； 3. 过载保护功能不能实现扣5分	15		
6	其他	1. 劳保佩戴； 2. 仪表、元件损坏情况； 3. 安全操作	遵守规定	1. 劳保未穿戴整齐或违反一项规定，从总分中扣5分； 2. 损坏仪表、元件，每个从总分中扣5分； 3. 违反安全规定从总分中扣5分，严重违规者或有触电行为停止操作； 4. 未拆除连接线及清理现场扣5分	20		
合　计					100		

考评员： 核分员： 年　月　日

三十三、安装按钮控制电动机星——三角降压启动电路操作

1. 考核要求

(1) 按照原理图及相关的规定和工艺要求准备元器件，完成电路安装、接线、调试。
(2) 必须穿戴劳动保护用品。
(3) 工具、用具准备齐全，正确使用。
(4) 操作规程符合安全文明操作。
(5) 按规定完成操作项目，质量达到技术要求。
(6) 操作完毕，做到“工完、料净、场地清”。

2. 准备要求

(1) 设备准备：

序　号	名　称	规　格	数　量	备　注
1	三相异步电动机	Y—132M-4，5.5kW	1台	
2	实训网板	不锈钢500mm×600mm	1块	
3	三相空开	20A	1个	
4	熔断器	RT28N-32X 3P	5个	
5	熔断器保险	3A	10个	
6	交流接触器	CJX2-0910，380V	2个	
7	热继电器	JR36-20	2个	
8	时间继电器		1个	
9	按钮开关盒	LA4-3H3位	2个	
10	端子排	JD_0-1020，380V，10A	30节	
11	C45空开铁导轨	30cm	4节	

(2) 材料准备：

序　号	名　称	规　格	数　量	备　注
1	主回路导线	2.5mm^2	10m	
2	控制回路导线	1.0mm^2	10m	

(3) 工具、用具准备：

序　号	名　称	规　格	数　量	备　注
1	一字螺钉旋具		1把	
2	十字螺钉旋具		1把	
3	尖嘴钳		1把	

续表

序　号	名　称	规　格	数　量	备　注
4	老虎钳		1把	
5	剥线钳		1把	
6	数字式万用表	DT890	1块	

3. 操作程序说明

(1) 安装电路。

(2) 清理现场。

(3) 安全文明操作。

4. 考核规定说明

(1) 如操作违章或未按操作程序执行操作，将停止考核。

(2) 考核采用百分制，考核项目得分按鉴定比重进行折算。

(3) 考核方式说明：该项目为实际操作(结果型)，考核过程按评分标准及操作过程进行评分。

(4) 测量技能说明：本项目主要测量考生对安装按钮控制电动机星——三角降压启动电路操作的熟练程度。

5. 考核时限

(1) 准备时间：5min，完成工具、用具、元器件的检查、准备工作。

(2) 正式操作时间：60min，从正式操作开始计时，到时停止操作。

(3) 提前完成操作不加分，到时停止操作考核。

6. 图解

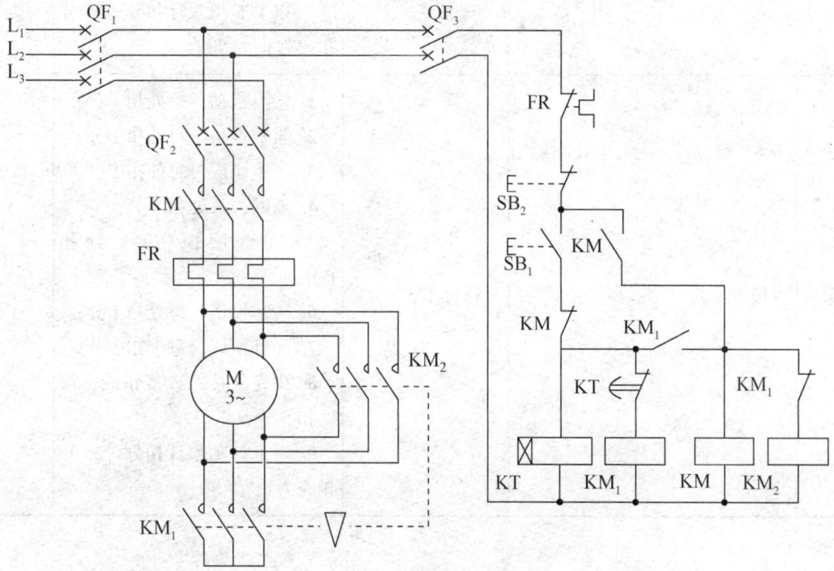

图 -1　电路图

7. 评分记录表

安装按钮控制电动机星——三角降压启动电路操作评分记录表

操作时间：60min　　考生：　　操作用时：

序号	考核内容	操作规程	评分要素	评分标准	配分	扣分	得分
1	准备	1. 工具、仪表准备； 2. 元件检查	准备齐全，检查正确到位	1. 未检查工具、仪表扣2分； 2. 元器件未检查扣3分	5		
2	元件安装	1. 元件布置； 2. 元件固定	布置固定正确	1. 元件布局不合理，扣3分； 2. 元件安装错误，每多装、少装一件，每处扣3分； 3. 安装元件不牢固，每处扣1分； 4. 漏装螺钉，每处扣1分； 5. 以上4项累计扣分，10分扣完为止	10		
3	布线	布线工艺	符合工艺	1. 回路用线错误，扣5分； 2. 主回路和控制回路混杂，扣5分； 3. 布线明显交差，每处扣1分； 4. 布线未横平、竖直、角度不规范，每处扣1分； 5. 未安装线号或线号标识错误，每个扣1分； 6. 以上5项累计扣分，15分扣完为止	15		
4	接线	接线工艺	符合工艺	1. 接点松动，每处扣1分； 2. 露铜过长，每处扣1分； 3. 压绝缘层，每处扣1分； 4. 返圈，每处扣1分； 5. 绝缘层损伤，每处扣1分； 6. 线芯损伤，每处扣1分； 7. 元件损坏，每个扣1分； 8. 少完成接线或接错线，每处扣5分； 9. 以上8项累计扣分，20分扣完为止	20		

续表

序号	考核内容	操作规程	评分要素	评分标准	配分	扣分	得分
5	通电调试	功能测试	测试正确	1. 点动运行功能不能实现扣10分； 2. 连续运行功能不能实现扣10分； 3. 过载保护功能不能实现扣10分	30		
6	其他	1. 劳保佩戴； 2. 仪表、元件损坏情况； 3. 安全操作	遵守规定	1. 劳保未穿戴整齐或违反一项规定，从总分中扣5分； 2. 损坏仪表、元件，每个从总分中扣5分； 3. 违反安全规定，从总分中扣10分，严重违规者或有触电行为停止操作； 4. 未拆除连接线及清理现场扣10分	20		
合计					100		

考评员：　　　　核分员：　　　　年　月　日

三十四、安装单向启动反接制动电路操作

1. 考核要求

(1) 按照原理图及相关的规定和工艺要求准备元器件，完成电路安装、接线、调试。
(2) 必须穿戴劳动保护用品。
(3) 工具、用具准备齐全，正确使用。
(4) 操作规程符合安全文明操作。
(5) 按规定完成操作项目，质量达到技术要求。
(6) 操作完毕，做到“工完、料净、场地清”。

2. 准备要求

(1) 设备准备：

序 号	名 称	规 格	数 量	备 注
1	三相异步电动机	Y—132M-4，5.5kW	1台	三相异步电动机
2	实训网板	不锈钢500mm×600mm	1块	
3	三相空开	20A	1个	
4	熔断器	RT28N-32X 3P	5个	
5	熔断器保险	3A	10个	
6	交流接触器	CJX2-0910，380V	2个	
7	热继电器	JR36-20	2个	
8	按钮开关盒	LA4-3H3位	2个	
9	端子排	JD_0-1020，380V，10A	30节	
10	C45空开铁导轨	30cm	4节	

(2) 材料准备：

序 号	名 称	规 格	数 量	备 注
1	主回路导线	2.5mm^2	10m	
2	控制回路导线	1.0mm^2	10m	

(3) 工具、用具准备：

序 号	名 称	规 格	数 量	备 注
1	一字螺钉旋具		1把	
2	十字螺钉旋具		1把	
3	尖嘴钳		1把	

续表

序号	名称	规格	数量	备注
4	老虎钳		1把	
5	剥线钳		1把	
6	数字式万用表	DT890	1块	

3. 操作程序说明

(1) 安装电路。

(2) 清理现场。

(3) 安全文明操作。

4. 考核规定说明

(1) 如操作违章或未按操作程序执行操作，将停止考核。

(2) 考核采用百分制，考核项目得分按鉴定比重进行折算。

(3) 考核方式说明：该项目为实际操作(结果型)，考核过程按评分标准及操作过程进行评分。

(4) 测量技能说明：本项目主要测量考生对安装单向启动仅接制动电路操作的熟练程度。

5. 考核时限

(1) 准备时间：5min，完成工具、用具、元器件的检查、准备工作。

(2) 正式操作时间：60min，从正式操作开始计时，到时停止操作。

(3) 提前完成操作不加分，到时停止操作考核。

6. 图解

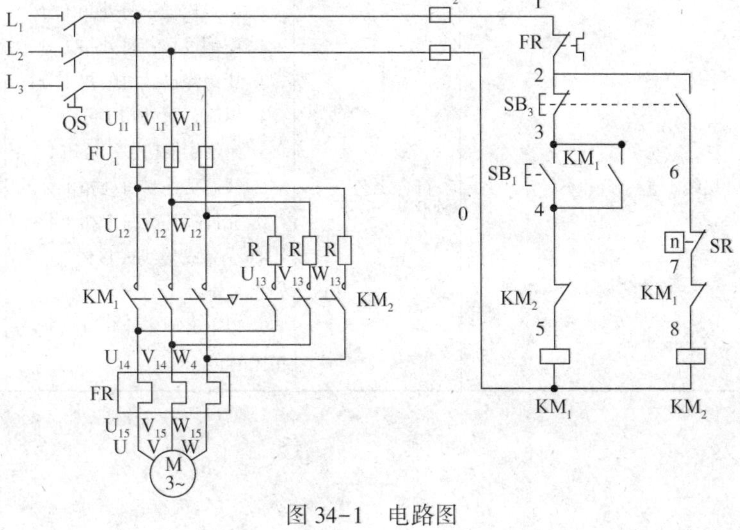

图 34-1　电路图

7. 评分记录表

安装单向启动反接制动电路操作评分记录表

操作时间：60min　　考生：　　操作用时：

序号	考核内容	操作规程	评分要素	评分标准	配分	扣分	得分
1	准备	1. 工具、仪表准备； 2. 元件检查	准备齐全，检查正确到位	1. 未检查工具、仪表扣2分； 2. 元器件未检查扣3分	5		
2	元件安装	1. 元件布置； 2. 元件固定	布置固定正确	1. 元件布局不合理，扣3分； 2. 元件安装错误，每多装、少装一件，每处扣3分； 3. 安装元件不牢固，每处扣1分； 4. 漏装螺钉，每处扣1分 5. 以上4项累计扣分，10分扣完为止	10		
3	布线	布线工艺	符合工艺	1. 回路用线错误扣5分； 2. 主回路和控制回路混杂扣5分； 3. 布线明显交差，每处扣1分； 4. 布线未横平、竖直、角度不规范，每处扣1分； 5. 未安装线号或线号标识错误，每个扣1分； 6. 以上5项累计扣分，20分扣完为止	20		
4	接线	接线工艺	符合工艺	1. 接点松动，每处扣1分； 2. 露铜过长，每处扣1分； 3. 压绝缘层，每处扣1分； 4. 返圈，每处扣1分； 5. 绝缘层损伤，每处扣1分； 6. 线芯损伤，每处扣1分； 7. 元件损坏，每个扣1分； 8. 少完成接线或接错线，每处扣5分； 9. 以上8项累计扣分，30分扣完为止	30		

续表

序号	考核内容	操作规程	评分要素	评分标准	配分	扣分	得分
5	通电调试	功能测试	测试正确	1. 点动运行功能不能实现扣5分； 2. 连续运行功能不能实现扣5分； 3. 过载保护功能不能实现扣5分	15		
6	其他	1. 劳保佩戴； 2. 仪表、元件损坏情况； 3. 安全操作	遵守规定	1. 劳保未穿戴整齐或违反一项规定，从总分中扣5分； 2. 损坏仪表、元件，每个从总分中扣5分； 3. 违反安全规定，从总分中扣5分，严重违规者或有触电行为停止操作； 4. 未拆除连接线及清理现场扣5分	20		
合计					100		

考评员： 核分员： 年 月 日

三十五、安装双速双功率控制电路操作

1. 考核要求

(1) 按照原理图及相关的规定和工艺要求准备元器件，完成电路安装、接线、调试。
(2) 必须穿戴劳动保护用品。
(3) 工具、用具准备齐全，正确使用。
(4) 操作规程符合安全文明操作。
(5) 按规定完成操作项目，质量达到技术要求。
(6) 操作完毕，做到“工完、料净、场地清”。

2. 准备要求

(1) 设备准备：

序 号	名 称	规 格	数 量	备 注
1	双速双功率控制板	配线号	1 块	鉴定站备好
2	带分励线圈的低压断路器		1 个	
3	抽油机控制箱综合保护器		1 个	
4	交流接触器	CJX2-3211	2 个	
5	交流接触器辅助触头块	F4-22	2 个	
6	熔断器	RL2-10/6	2 个	
7	按钮	LA4-2H	1 个	
8	转换开关	LW6-1/A047	2 个	
9	端子排	JD_0-1020，380V，30A	2 个	
10	万用表	指针式	1 块	

(2) 材料准备：

序 号	名 称	规 格	数 量	备 注
1	铜芯绝缘导线	BV-500，1.5mm^2	10m	
2	细木工板	60cm×80cm	1 块	
3	自攻螺丝	长度 20mm	30 个	

(3) 工具、用具准备：

序 号	名 称	规 格	数 量	备 注
1	一字螺钉旋具		1 把	
2	十字螺钉旋具		1 把	
3	尖嘴钳		1 把	

续表

序　号	名　称	规　格	数　量	备　注
4	剥线钳		1把	
5	线手套		1副	

3. 操作程序说明

(1) 安装电路。

(2) 清理现场。

(3) 安全文明操作。

4. 考核规定说明：

(1) 如操作违章或未按操作程序执行操作，将停止考核。

(2) 考核采用百分制，考核项目得分按鉴定比重进行折算。

(3) 考核方式说明：该项目为实际操作(结果型)，考核过程按评分标准及操作过程进行评分。

(4) 测量技能说明：本项目主要测量考生对安装双速双功率控制电路操作的熟练程度。

5. 考核时限

(1) 准备时间：5min，完成工具、用具、元器件的检查、准备工作。

(2) 正式操作时间：60min，从正式操作开始计时，到时停止操作。

(3) 提前完成操作不加分，到时停止操作考核。

6. 图解

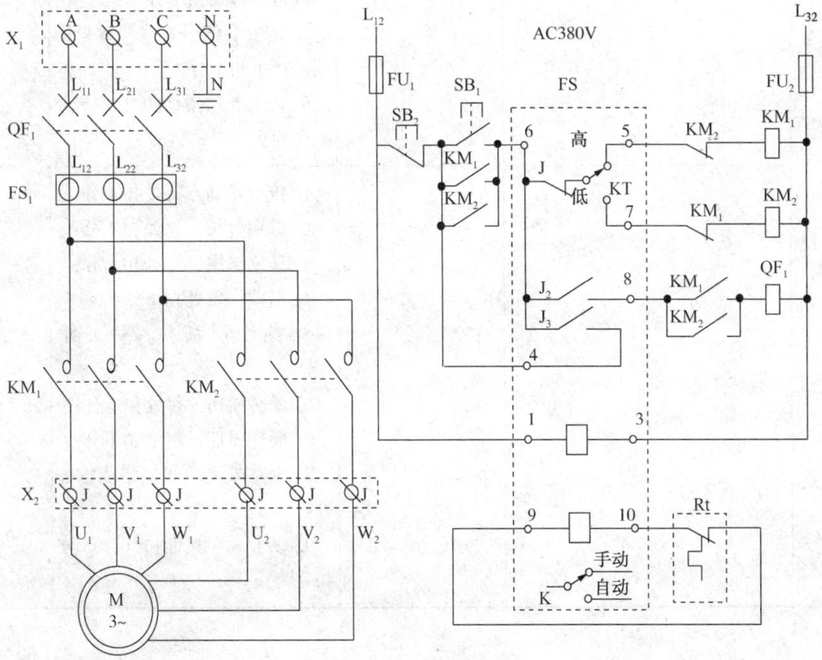

图 35-1　电路图

7. 评分记录表

安装双速双功率控制电路操作评分记录表

操作时间：60min　　　　考生：　　　　操作用时：

序号	考核内容	操作规程	评分要素	评分标准	配分	扣分	得分
1	准备	1. 工具、仪表准备； 2. 元件检查	准备齐全，检查正确到位	1. 未检查工具、仪表扣2分； 2. 元器件未检查扣3分	5		
2	元件安装	1. 元件布置； 2. 元件固定	布置固定正确	1. 元件布局不合理，扣3分； 2. 元件安装错误，每多装、少装一件，每处扣3分； 3. 安装元件不牢固，每处扣1分； 4. 漏装螺钉，每处扣1分 5. 以上4项累计扣分，10分扣完为止	10		
3	布线	布线工艺	符合工艺	1. 回路用线错误，扣5分； 2. 主回路和控制回路混杂，扣5分； 3. 布线明显交差，每处扣1分； 4. 布线未横平、竖直、角度不规范，每处扣1分； 5. 未安装线号或线号标识错误，每个扣1分； 6. 以上5项累计扣分，15分扣完为止	15		
4	接线	接线工艺	符合工艺	1. 接点松动，每处扣1分； 2. 露铜过长，每处扣1分； 3. 压绝缘层，每处扣1分； 4. 返圈，每处扣1分； 5. 绝缘层损伤，每处扣1分； 6. 线芯损伤，每处扣1分； 7. 元件损坏，每个扣1分； 8. 少完成接线或接错线，每处扣5分； 9. 以上8项累计扣分，35分扣完为止	35		

续表

序号	考核内容	操作规程	评分要素	评分标准	配分	扣分	得分
5	通电调试	功能测试	测试正确	1. 点动运行功能不能实现扣5分； 2. 连续运行功能不能实现扣5分； 3. 过载保护功能不能实现扣5分	15		
6	其他	1. 劳保佩戴； 2. 仪表、元件损坏情况； 3. 安全操作	遵守规定	1. 劳保未穿戴整齐或违反一项规定，从总分中扣5分； 2. 损坏仪表、元件，每个从总分中扣5分； 3. 违反安全规定，从总分中扣5分，严重违规者或有触电行为停止操作； 4. 未拆除连接线及清理现场扣5分	20		
合计					100		

考评员： 核分员： 年 月 日

高级工

三十六、判断三相异步电动机绕组断路或绝缘故障

1. 考核要求

(1) 检查、测量、判断电动机故障类型。
(2) 必须穿戴劳动保护用品。
(3) 工具、用具准备齐全，正确使用。
(4) 操作规程符合安全文明操作。
(5) 按规定完成操作项目，质量达到技术要求。
(6) 操作完毕，做到“工完、料净、场地清”。

2. 准备要求

(1) 设备准备：

序 号	名 称	规 格	数 量	备 注
1	三相异步电动机	Y—132M-4，5.5 kW	1 台	三相异步电动机
2	三相空开	10A	1 个	

(2) 材料准备：

序 号	名 称	规 格	数 量	备 注
1	主回路导线	2.5mm^2	10m	
2	绝缘胶布		1 卷	

(3) 工具、用具准备：

序 号	名 称	规 格	数 量	备 注
1	兆欧表	ZC25-3X，500V	1 个	
2	双臂电桥	QJ44	1 个	
3	数字式万用表	DT890	1 块	
4	接地线		2m	
5	一字螺钉旋具		1 把	
6	十字螺钉旋具		1 把	
7	尖嘴钳		1 把	
8	老虎钳		1 把	
9	剥线钳		1 把	

3. 操作程序说明

（1）准备工作。
（2）调试仪表。
（3）测量绝缘电阻和直流电阻。
（4）读数并计算偏差值。
（5）判断故障。
（6）清理现场。

4. 考核规定说明

（1）如操作违章或未按操作程序执行操作，将停止考核。
（2）考核采用百分制，考核项目得分按鉴定比重进行折算。
（3）考核方式说明：该项目为实际操作(结果型)，考核过程按评分标准及操作过程进行评分。
（4）测量技能说明：本项目主要测量考生对电动机结构和故障判断的熟练程度。

5. 考核时限

（1）准备时间：5min，完成工具、用具、元器件的检查、准备工作。
（2）正式操作时间：60min，从正式操作开始计时，到时停止操作。
（3）提前完成操作不加分，到时停止操作考核。

6. 评分记录表

判断三相异步电动机绕组断路或绝缘故障评分记录表

操作时间：60min　　考生：　　操作用时：

序号	考核内容	操作规程	评分要素	评分标准	配分	扣分	得分
1	准备工作	1. 工具、用具准备； 2. 仪器检查	准备齐全，检查正确到位	1. 多、少选或错选一件扣1分； 2. 仪器未检查或检查方法错误扣1分	5		
2	拆连接片	拆开电动机接线盒中连接片	拆除正确	未拆开连接片扣5分	5		
3	绝缘故障	1. 根据电动机的电压等级选择兆欧表； 2. 对兆欧表做开路及短路试验	操作正确	1. 兆欧表选择错误扣5分； 2. 兆欧表接线错误扣5分； 3. 未做开路试验扣5分； 4. 开路试验时转速未达到120r/min扣2分； 5. 未作短路试验扣5分； 6. 未轻带手柄扣5分； 7. 未测量相对地绝缘或接线错误扣5分； 8. 少测一相扣5分； 9. 未测量相间绝缘扣5分； 10. 未放电扣5分	50		

续表

序号	考核内容	操作规程	评分要素	评分标准	配分	扣分	得分
4	直阻测试	用双臂电桥测试绕组直阻	测试正确	1. 未用万用表初测电阻扣5分； 2. 双臂电桥接线错误扣5分； 3. 双臂电桥未调零扣5分； 4. 双臂电桥挡位选择错误扣5分； 5. 双臂电桥读数错误扣5分	20		
5	分析结果	测量完毕，根据测量读数判断电动机故障	测试正确	未根据测量数值判断电动机绝缘情况或结论错误扣10分	10		
6	清理现场	清理现场	清理干净	未清理现场，从总分中扣5分	5		
7	安全文明操作	按国家或企业颁发有关安全规定执行操作	遵守规定	1. 每违反一项规定，从总分中扣5分； 2. 严重违规取消考核	5		
合计					100		

考评员： 核分员： 年 月 日

三十七、检查小型三相配电变压器匝间短路故障

1. 考核要求

（1）检查、测量、判断电动机故障类型。
（2）必须穿戴劳动保护用品。
（3）工具、用具准备齐全，正确使用。
（4）操作规程符合安全文明操作。
（5）按规定完成操作项目，质量达到技术要求。
（6）操作完毕，做到“工完、料净、场地清”。

2. 准备要求

（1）设备准备：

序　号	名　称	规　格	数　量	备　注
1	小型干式变压器	根据项目准备	1 台	
2	双臂电桥	QJ44	1 块	

（2）材料准备：

序　号	名　称	规　格	数　量	备　注
1	笔		1 支	

（3）工具、用具准备：

序　号	名　称	规　格	数　量	备　注
1	电工工具		1 套	

3. 操作程序说明

（1）准备工作。
（2）调试仪表。
（3）测量直流电阻。
（4）读数并计算偏差值。
（5）判断故障。
（6）清理现场。

4. 考核规定说明

（1）如操作违章或未按操作程序执行操作，将停止考核。

（2）考核采用百分制，考核项目得分按鉴定比重进行折算。

（3）考核方式说明：该项目为实际操作（过程结果型），考核过程按评分标准及操作过程进行评分。

（4）测量技能说明：本项目主要测量考生对检查小型三相配电变压器匝间短路故障的熟练程度。

5. 考核时限

（1）准备时间：5min，完成工具、用具、元器件的检查、准备工作。

（2）正式操作时间：60min，从正式操作开始计时，到时停止操作。

（3）提前完成操作不加分，到时停止操作考核。

6. 评分记录表

检查小型三相配电变压器匝间短路故障评分记录表

操作时间：60min　　　　考生：　　　　操作用时：

序号	考核内容	操作规程	评分要素	评分标准	配分	扣分	得分
1	准备工作	工具、用具准备	准备齐全，检查正确到位	多、少选或选错一件扣5分	5		
2	调试仪表	接通电桥电源，调试仪表	调试正确	1. 未接通电桥电源扣5分； 2. 未调试仪表扣5分	10		
3	测量直流电阻	接线后，先按下“B”按钮，后点动“G”按钮并据指针偏转情况，调节步进电阻和滑线电阻读数盘，使检流计指针指零位，增大灵敏度，反复调滑线电阻使指针为零，直到灵敏度为最高，指针指零稳定后，读取数值，先松开“G”按钮，再松“B”按钮，断开电源开关	操作正确	1. 电桥使用错误或未使用电桥以下停止操作测直流电阻接线错误，每次扣10分； 2. “B”“G”按钮操作顺序错误扣10分； 3. 灵敏度调节顺序错误扣10分； 4. 少测量一相扣10分（三相）	40		
4	读数计算偏差值	根据测量结果正确读数，写出偏差计算公式并计算	读数计算正确	1. 未读数或读数错误扣5分； 2. 未记录或记录错误扣5分； 3. 公式错误扣5分； 4. 计算错误扣5分	20		
5	判断故障	根据结果判断故障	判断正确	未根据结果判断故障扣15分	15		
6	清理现场	清理现场	清理干净	未清理现场，从总分中扣5分	5		

续表

序号	考核内容	操作规程	评分要素	评分标准	配分	扣分	得分
7	安全文明操作	按国家或企业颁发有关安全规定执行操作	遵守规定	1. 每违反一项规定，从总分中扣5分； 2. 严重违规取消考核	5		
合　计					100		

考评员：　　　　核分员：　　　　年　月　日

三十八、排除顺序启动控制电路故障

1. 考核要求

(1) 根据故障现象进行故障查找排查，考察考生对顺序启动电路的掌握熟练程度。
(2) 必须穿戴劳动保护用品。
(3) 工具、用具准备齐全，正确使用。
(4) 操作规程符合安全文明操作。
(5) 按规定完成操作项目，质量达到技术要求。
(6) 操作完毕，做到“工完、料净、场地清”。

2. 准备要求

(1) 设备准备：

序号	名称	规格	数量	备注
1	三相异步电动机	Y—132M-4，5.5kW	2台	三相异步电动机
2	实训网板	不锈钢500mm×600mm	1块	
3	三相空开	10A	1个	
4	熔断器	RT28N-32X 3P	5个	
5	熔断器保险	3A	10个	
6	交流接触器	CJX2-0910，380V	2个	
7	热继电器	JR36-20	2个	
8	按钮开关盒	LA4-3H3位	2个	
9	端子排	JD_0-1020，380V，10A	30节	
10	C45空开铁导轨	30cm	4节	

(2) 材料准备：

序号	名称	规格	数量	备注
1	主回路导线	2.5mm^2	10m	
2	控制回路导线	1.0mm^2	10m	

(3) 工具、用具准备：

序号	名称	规格	数量	备注
1	一字螺钉旋具		1把	
2	十字螺钉旋具		1把	
3	尖嘴钳		1把	
4	老虎钳		1把	

续表

序　号	名　称	规　格	数　量	备　注
5	剥 线 钳		1 把	
6	数字式万用表	DT890	1 块	

3. 操作程序说明

（1）通电测试。

（2）判断查找故障。

（3）故障处理。

（4）安全文明操作。

4. 考核规定说明

（1）如操作违章或未按操作程序执行操作，将停止考核。

（2）考核采用百分制，考核项目得分按鉴定比重进行折算。

（3）考核方式说明：该项目为实际操作(结果型)，考核过程按评分标准及操作过程进行评分。

（4）测量技能说明：本项目主要测量考生对顺序启动电路故障排查的熟练程度。

5. 考核时限

（1）准备时间：5min(不计入考核时间)。

（2）正式操作时间：30min。

（3）提前完成操作不加分，到时停止操作考核。

6. 图解

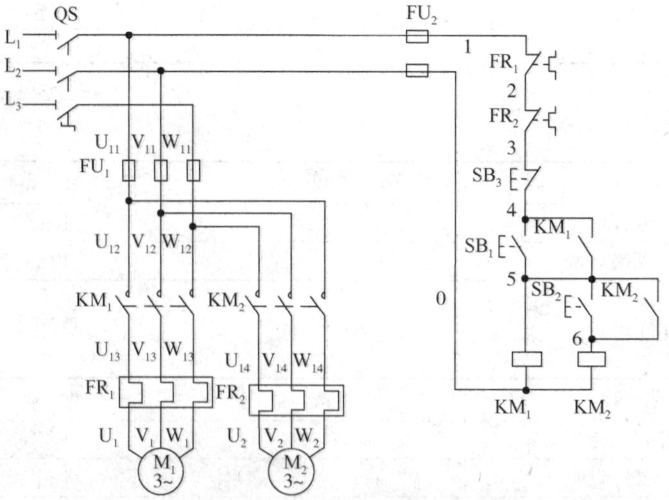

图 38-1　电路图

7. 评分记录表

排除顺序启动控制电路故障评分记录表

操作时间：30min　　　　考生：　　　　操作用时：

序号	考核内容	操作规程	评分要素	评分标准	配分	扣分	得分
1	准备工作	1. 检查万用表； 2. 核对电工工具	准备检查正确	未检查仪表、工具扣5分	5		
2	通电前检查	1. 检查有无短路； 2. 检查有无接地	检查正确	1. 未测量确定线路无短路故障扣5分； 2. 未测量确定线路无接地故障扣5分	10		
3	通电观察现象	故障现象描述	观察描述正确	故障现象描述不准确，每项扣10分	10		
4	故障分析	逻辑性	分析正确	故障点分析错误，每个点扣5分	15		
5	故障排除	1. 故障排除情况； 2. 故障排除方法	排除正确	1. 几号故障未排除或排除方法错误扣10分； 2. 几号故障未排除或排除方法错误扣10分； 3. 几号故障未排除或排除方法错误扣10分	30		
6	故障标识	标注故障点	标示正确	图纸故障点标注错误或少标注一个故障点扣5分	10		
7	其他	1. 万用表使用； 2. 元件损坏情况； 3. 安全生产； 4. 新产生故障	遵守规定	1. 万用表使用不当，从总分中扣5分； 2. 损坏元件，每件从总分中扣5分； 3. 每违反一项安全管理规定，从总分中扣5分；有触电行为或严重违规者取消考试资格； 4. 排除故障中改动线路产生新故障，从总分中扣5分	20		
合计					100		

考评员：　　　　核分员：　　　　年　月　日

三十九、排除时间继电器 Y-△控制电路故障

1. 考核要求

（1）根据故障现象进行故障查找排查，考察考生对时间继电器 Y-△控制电路的掌握熟练程度。

（2）必须穿戴劳动保护用品。

（3）工具、用具准备齐全，正确使用。

（4）操作规程符合安全文明操作。

（5）按规定完成操作项目，质量达到技术要求。

（6）操作完毕，做到“工完、料净、场地清”。

2. 准备要求

（1）设备准备：

序号	名称	规格	数量	备注
1	三相异步电动机	Y—132M-4，5.5kW	2台	三相异步电动机
2	实训网板	不锈钢 500mm×600mm	1块	
3	三相空开	10A	1个	
4	熔断器	RT28N-32X 3P	5个	
5	熔断器保险	3A	10个	
6	交流接触器	CJX2-0910，380V	2个	
7	热继电器	JR36-20	2个	
8	按钮开关盒	LA4-3H3位	2个	
9	端子排	JD_0-1020，380V，10A	30节	
10	C45空开铁导轨	30cm	4节	

（2）材料准备：

序号	名称	规格	数量	备注
1	主回路导线	2.5mm^2	10m	
2	控制回路导线	1.0mm^2	10m	

（3）工具、用具准备：

序号	名称	规格	数量	备注
1	一字螺钉旋具		1把	
2	十字螺钉旋具		1把	
3	尖嘴钳		1把	

续表

序　号	名　称	规　格	数　量	备　注
4	老虎钳		1 把	
5	剥 线 钳		1 把	
6	数字式万用表	DT890	1 块	

3. 操作程序说明

（1）通电测试。

（2）判断查找故障。

（3）故障处理。

（4）安全文明操作。

4. 考核规定说明

（1）如操作违章或未按操作程序执行操作，将停止考核。

（2）考核采用百分制，考核项目得分按鉴定比重进行折算。

（3）考核方式说明：该项目为实际操作(结果型)，考核过程按评分标准及操作过程进行评分。

（4）测量技能说明：本项目主要测量考生对时间继电器 Y-△控制电路故障排查的熟练程度。

5. 考核时限

（1）准备时间：5min(不计入考核时间)。

（2）正式操作时间：30min。

（3）提前完成操作不加分，到时停止操作考核。

6. 图解

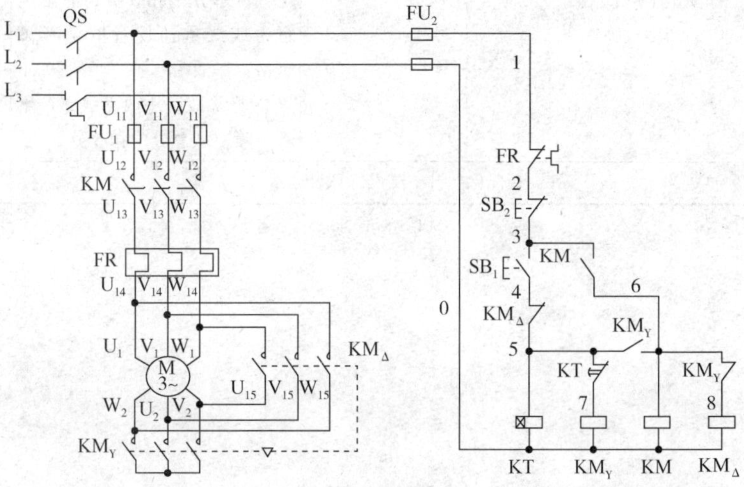

图 39-1　电路图

7. 评分记录表

排除时间继电器 Y-△控制电路故障评分记录表

操作时间：30min　　　　考生：　　　　操作用时：

序号	考核内容	操作规程	评分要素	评分标准	配分	扣分	得分
1	准备工作	1. 检查万用表； 2. 核对电工工具	准备检查正确	未检查仪表、工具扣 5 分	5		
2	通电前检查	1. 检查有无短路； 2. 检查有无接地	检查正确	1. 未测量确定线路无短路故障扣 5 分； 2. 未测量确定线路无接地故障扣 5 分	10		
3	通电观察现象	故障现象描述	观察描述正确	故障现象描述不准确，每项扣 5 分	15		
4	故障分析	逻辑性	分析正确	故障点分析错误，每个点扣 5 分	10		
5	故障排除	1. 故障排除情况； 2. 故障排除方法	排除正确	1. 几号故障未排除或排除方法错误扣 10 分； 2. 几号故障未排除或排除方法错误扣 10 分； 3. 几号故障未排除或排除方法错误扣 10 分	30		
6	故障标识	标注故障点	标示正确	图纸故障点标注错误或少标注一个故障点扣 5 分	10		
7	其他	1. 万用表使用； 2. 元件损坏情况； 3. 安全生产； 4. 新产生故障	遵守规定	1. 万用表使用不当，从总分中扣 5 分； 2. 损坏元件，每件从总分中扣 5 分； 3. 每违反一项安全管理规定，从总分中扣 5 分；有触电行为或严重违规者取消考试资格； 4. 排除故障中改动线路产生新故障，从总分中扣 5 分	20		
合计					100		

考评员：　　　　核分员：　　　　年　月　日

四十、排除双重联锁正反转控制电路故障

1. 考核要求

（1）根据故障现象进行故障查找排查，考察考生对双重联锁正反转控制电路的掌握熟练程度。

（2）必须穿戴劳动保护用品。

（3）工具、用具准备齐全，正确使用。

（4）操作规程符合安全文明操作。

（5）按规定完成操作项目，质量达到技术要求。

（6）操作完毕，做到“工完、料净、场地清”。

2. 准备要求

（1）设备准备：

序号	名称	规格	数量	备注
1	三相异步电动机	Y—132M-4，5.5kW	2台	三相异步电动机
2	实训网板	不锈钢 500mm×600mm	1块	
3	三相空开	10A	1个	
4	熔断器	RT28N-32X 3P	5个	
5	熔断器保险	3A	10个	
6	交流接触器	CJX2-0910，380V	2个	
7	热继电器	JR36-20	2个	
8	按钮开关盒	LA4-3H3位	2个	
9	端子排	JD_0-1020，380V，10A	30节	
10	C45空开铁导轨	30cm	4节	

（2）材料准备：

序号	名称	规格	数量	备注
1	主回路导线	$2.5mm^2$	10m	
2	控制回路导线	$1.0mm^2$	10m	

（3）工具、用具准备：

序号	名称	规格	数量	备注
1	一字螺钉旋具		1把	
2	十字螺钉旋具		1把	
3	尖嘴钳		1把	

续表

序　号	名　称	规　格	数　量	备　注
4	老虎钳		1 把	
5	剥 线 钳		1 把	
6	数字式万用表	DT890	1 块	

3. 操作程序说明

（1）通电测试。

（2）判断查找故障。

（3）故障处理。

（4）安全文明操作。

4. 考核规定说明

（1）如操作违章或未按操作程序执行操作，将停止考核。

（2）考核采用百分制，考核项目得分按鉴定比重进行折算。

（3）考核方式说明：该项目为实际操作（结果型），考核过程按评分标准及操作过程进行评分。

（4）测量技能说明：本项目主要测量考生对双重联锁正反转控制电路故障排查的熟练程度。

5. 考核时限

（1）准备时间：5min（不计入考核时间）。

（2）正式操作时间：30min。

（3）提前完成操作不加分，到时停止操作考核。

6. 图解

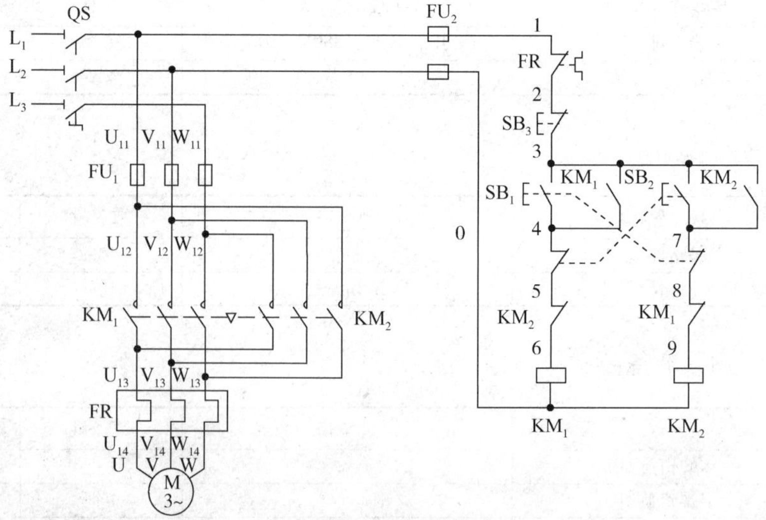

图 40-1　电路图

7. 评分记录表

排除双重联锁正反转控制电路故障评分记录表

操作时间：30min　　考生：　　操作用时：

序号	考核内容	操作规程	评分要素	评分标准	配分	扣分	得分
1	准备工作	1. 检查万用表； 2. 核对电工工具	准备检查正确	未检查仪表、工具扣5分	5		
2	通电前检查	1. 检查有无短路； 2. 检查有无接地	检查正确	1. 未检查短路扣5分； 2. 未检查接地扣5分	10		
3	通电观察现象	故障现象描述	观察描述正确	故障现象描述不准确，每项扣5分	15		
4	故障分析	逻辑性	分析正确	故障点分析错误，每个点扣5分	10		
5	故障排除	1. 故障排除情况； 2. 故障排除方法	排除正确	1. 几号故障未排除或排除方法错误扣10分； 2. 几号故障未排除或排除方法错误扣10分； 3. 几号故障未排除或排除方法错误扣10分	30		
6	故障标识	标注故障点	标示正确	图纸故障点标注错误或少标注一个故障点扣5分	10		
7	其他	1. 万用表使用； 2. 元件损坏情况； 3. 安全生产； 4. 新产生故障	遵守规定	1. 万用表使用不当，从总分中扣5分； 2. 损坏元件，每件从总分中扣5分； 3. 每违反一项安全管理规定；从总分中扣5分；有触电行为或严重违规者取消考试资格； 4. 排除故障中改动线路产生新故障，从总分中扣5分	20		
合计					100		

考评员：　　核分员：　　年　月　日

四十一、排除照明控制电路故障

1. 考核要求

（1）按照原理图对故障现象进行判断处理，主要考察考生对照明控制电路故障排查的熟练程度。

（2）必须穿戴劳动保护用品。

（3）工具、量具、用具准备齐全，正确使用。

（4）操作规程符合安全文明操作。

（5）按规定完成操作项目，质量达到技术要求。

（6）操作完毕，做到“工完、料净、场地清”。

2. 准备要求

（1）设备准备：

序　号	名　称	规　格	数　量	备　注
1	白炽灯	30W 或 40W	1 只	
2	白炽灯灯座	30W 或 40W	1 个	
3	单开双控开关		2 个	
4	熔断器	RT18-32X	1 个	

（2）材料准备：

序　号	名　称	规　格	数　量	备　注
1	原理图		1 张	
2	铜芯导线	BV-500，$1.5mm^2$	各 1.5m	黄、绿、红、蓝

（3）工具、用具准备：

序　号	名　称	规　格	数　量	备　注
1	剥 线 钳		1 把	
2	一字螺钉旋具		1 把	
3	十字螺钉旋具		1 把	
4	万用表	500 型或其他	1 块	

3. 操作程序说明

（1）通电测试。

（2）判断查找故障。

（3）故障处理。

(4) 安全文明操作。

4. 考核规定说明

(1) 如操作违章或未按操作程序执行操作，将停止考核。

(2) 考核采用百分制，考核项目得分按鉴定比重进行折算。

(3) 考核方式说明：该项目为实际操作(结果型)，考核过程按评分标准及操作过程进行评分。

(4) 测量技能说明：本项目主要测量考生对照明控制电路故障排查的熟练程度。

5. 考核时限

(1) 准备时间：5min(不计入考核时间)。

(2) 正式操作时间：30min。

(3) 提前完成操作不加分，到时停止操作考核。

6. 评分记录表

排除照明控制电路故障评分记录表

操作时间：30min　　考生：　　操作用时：

序号	考核内容	操作规程	评分要素	评分标准	配分	扣分	得分
1	准备工作	1. 检查万用表； 2. 核对电工工具	准备检查正确	未检查仪表、工具扣5分	5		
2	通电前检查	1. 检查有无短路； 2. 检查有无接地	检查正确	1. 未测量确定线路无短路故障扣5分； 2. 未测量确定线路无接地故障扣5分	10		
3	通电观察现象	故障现象描述	观察描述正确	故障现象描述不准确，每项扣5分	10		
4	故障分析	逻辑性	分析正确	故障点分析错误，每个点扣5分	15		
5	故障排除	1. 故障排除情况； 2. 故障排除方法	排除正确	1. 几号故障未排除或排除方法错误扣10分； 2. 几号故障未排除或排除方法错误扣10分； 3. 几号故障未排除或排除方法错误扣10分	30		
6	故障标识	标注故障点	标示正确	图纸故障点标注错误或少标注一个故障点扣5分	10		

续表

序号	考核内容	操作规程	评分要素	评分标准	配分	扣分	得分
7	其他	1. 万用表使用； 2. 元件损坏情况； 3. 安全生产； 4. 新产生故障	遵守规定	1. 万用表使用不当，从总分中扣5分； 2. 损坏元件，每件从总分中扣5分； 3. 每违反一项安全管理规定，从总分中扣5分；有触电行为或严重违规者取消考试资格； 4. 排除故障中改动线路产生新故障，从总分中扣5分	20		
合　计					100		

考评员：　　　　　　核分员：　　　　　　年　月　日

四十二、排除抽油机双速双功率控制电路故障

1. 考核要求

（1）按照原理图对故障现象进行判断处理，主要考察考生对抽油机双速双功率控制电路掌握的熟练程度。

（2）必须穿戴劳动保护用品。

（3）工具、用具准备齐全，正确使用。

（4）操作规程符合安全文明操作。

（5）按规定完成操作项目，质量达到技术要求。

（6）操作完毕，做到“工完、料净、场地清”。

2. 准备要求

（1）设备准备：

序 号	名 称	规 格	数 量	备 注
1	双速双功率控制板	配线号的	1块	鉴定站备好
2	带分励线圈的低压断路器		1块	
3	抽油机控制箱综合保护器		1个	
4	交流接触器	CJX2-3211	2个	
5	交流接触器辅助触头块	F4-22	2个	
6	熔断器	RL2-10/6	2个	
7	按钮	LA4-2H	1个	
8	转换开关	LW6-1/A047	2个	
9	端子排	JD_0-1020，380V，30A	2个	
10	万用表	指针式	1块	

（2）材料准备：

序 号	名 称	规 格	数 量	备 注
1	铜芯绝缘导线	BV-500，1.5mm^2	10m	
2	细木工板	60cm×80cm	1块	
3	自攻螺丝	长度20 mm	30个	

（3）工具、用具准备：

序 号	名 称	规 格	数 量	备 注
1	一字螺钉旋具		1把	
2	十字螺钉旋具		1把	
3	尖嘴钳		1把	
4	剥线钳		1把	
5	线手套		1副	

3. 操作程序说明

（1）分析判断排除故障。

（2）填写故障点记录表。

（3）杜绝故障点扩大。

（4）清理现场。

4. 考核规定说明

（1）如操作违章或未按操作程序执行操作，将停止考核。

（2）考核采用百分制，考核项目得分按鉴定比重进行折算。

（3）考核方式说明：该项目为实际操作(结果型)，考核过程按评分标准及操作结果进行评分。

（4）测量技能说明：本项目主要测量考生对排除抽油机双速双功率控制电路故障的排查能力。

5. 考核时限

（1）准备时间：5min（不计入考核时间）。

（2）正式操作时间：30min。

（3）提前完成操作不加分，到时停止操作考核。

6. 图解

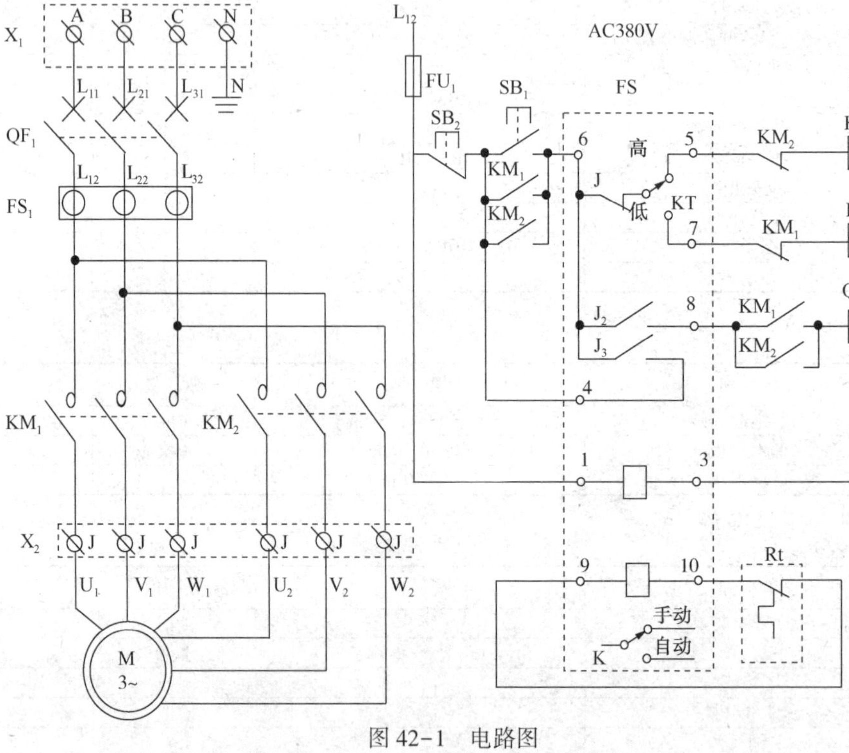

图 42-1 电路图

7. 评分记录表

排除抽油机双速双功率控制电路故障评分记录表

操作时间：30min　　考生：　　操作用时：

序号	考核内容	操作规程	评分要素	评分标准	配分	扣分	得分
1	准备工作	1. 检查万用表； 2. 核对电工工具	准备检查正确	未检查仪表、工具扣5分	5		
2	通电前检查	1. 检查有无短路； 2. 检查有无接地	检查正确	1. 未测量确定线路无短路故障扣5分； 2. 未测量确定线路无接地故障扣5分	10		
3	通电观察现象	故障现象描述	观察描述正确	故障现象描述不准确，每项扣5分	10		
4	故障分析	逻辑性	分析正确	故障点分析错误，每个点扣5分	15		
5	故障排除	1. 故障排除情况； 2. 故障排除方法	排除正确	1. 几号故障未排除或排除方法错误扣10分； 2. 几号故障未排除或排除方法错误扣10分； 3. 几号故障未排除或排除方法错误扣10分	30		
6	故障标识	标注故障点	标示正确	图纸故障点标注错误或少标注一个故障点扣5分	10		
7	其他	1. 万用表使用； 2. 元件损坏情况； 3. 安全生产； 4. 新产生故障	遵守规定	1. 万用表使用不当，从总分中扣5分； 2. 损坏元件，每件从总分中扣5分； 3. 每违反一项安全管理规定，从总分中扣5分；有触电行为或严重违规者取消考试资格； 4. 排除故障中改动线路产生新故障，从总分中扣5分	20		
合　计					100		

考评员：　　核分员：　　年　月　日

四十三、排除三相四线有功电度表测量电路故障

1. 考核要求

（1）按照原理图对故障现象进行判断处理，主要考察考生对三相四线有功电度表测量电路掌握的熟练程度。

（2）必须穿戴劳动保护用品。

（3）工具、量具、用具准备齐全，正确使用。

（4）操作规程符合安全文明操作。

（5）按规定完成操作项目，质量达到技术要求。

（6）操作完毕，做到“工完、料净、场地清”。

2. 准备要求

（1）设备准备：

序　号	名　称	规　格	数　量	备　注
1	三相四线有功电度表经三只电流互感器控制板		1 块	
2	高分断小型断路器	NB1-63，10A，4 极	1 个	
3	三相四线有功电度表	DT862 3×3(6)	1 块	
4	电流互感器	LMZ1-0.5	3 个	
5	灯泡	220V，15W	3 只	
6	灯座	10A	3 个	
7	数字式万用表	DT890	1 块	

（2）材料准备：

序　号	名　称	规　格	数　量	备　注
1	铜芯绝缘导线	BV-500，1.5mm^2	10m	
2	细木工板	60cm×80cm	1 块	
3	自攻螺丝	长度 20 mm	30 个	
4	端子排	JD_0-1020，380V，10A	40 节	

（3）工具、用具准备：

序　号	名　称	规　格	数　量	备　注
1	一字螺钉旋具		1 把	
2	十字螺钉旋具		1 把	
3	尖 嘴 钳		1 把	
4	剥 线 钳		1 把	
5	线手套		1 副	

3. 操作程序说明

（1）分析判断排除故障。

（2）填写故障点记录表。

（3）杜绝故障点扩大。

（4）清理现场。

4. 考核规定说明

（1）如操作违章或未按操作程序执行操作，将停止考核。

（2）考核采用百分制，考核项目得分按鉴定比重进行折算。

（3）考核方式说明：该项目为实际操作（结果型），考核过程按评分标准及操作结果进行评分。

（4）测量技能说明：本项目主要测量考生对三相四线有功电度表经三只电流互感器测量电路故障的排查能力。

5. 考核时限

（1）准备时间：5min（不计入考核时间）。

（2）正式操作时间：30min。

（3）提前完成操作不加分，到时停止操作考核。

6. 评分记录表

排除三相四线有功电度表测量电路故障评分记录表

操作时间：30min　　考生：　　操作用时：

序号	考核内容	操作规程	评分要素	评分标准	配分	扣分	得分
1	分析判断，排除故障	通过电阻法、逻辑分析法等方法判断并排除故障	分析判断正确	每少排除1处故障扣10分	40		
2	填写故障点记录	根据故障点位置填写故障记录	填写正确	1. 未填写故障记录扣10分； 2. 故障名称填写错误，每处扣10分； 3. 故障位置填写错误，每处扣10分	30		
3	杜绝故障点扩大	杜绝故障点扩大	操作正确	1. 扩大故障点扣10分； 2. 损坏元件扣5分	15		
4	清理现场	清理现场	清理干净	未清理现场，从总分中扣5分	5		
5	安全文明操作	按国家或企业颁发有关安全规定执行操作	遵守规定	每违反一项规定，从总分中扣5分，严重违规取消考核	10		
合　计					100		

考评员：　　核分员：　　年　月　日

四十四、排除动力箱电路故障

1. 考核要求

(1) 按照原理图对故障现象进行判断处理，主要考察考生对动力箱电路掌握的熟练程度。

(2) 必须穿戴劳动保护用品。

(3) 工具、量具、用具准备齐全，正确使用。

(4) 操作规程符合安全文明操作。

(5) 按规定完成操作项目，质量达到技术要求。

(6) 操作完毕，做到“工完、料净、场地清”。

2. 准备要求

(1) 设备准备：

序　号	名　称	规　格	数　量	备　注
1	动力箱控制板		1 块	鉴定站准备完整的盘
2	小型低压断路器	NC1-63，C32	1 个	
3	交流接触器	CJX2-3211	2 个	
4	中间继电器	JZC4-22，380V	1 个	
5	按钮	LA4-2H	1 个	
6	指示灯	380V	3 个	
7	端子排	JD_0-1020，380V，30A	2 个	
8	万用表	指针式	1 块	

(2) 材料准备：

序　号	名　称	规　格	数　量	备　注
1	铜芯绝缘导线	1.5mm^2	15m	
2	细木工板	60cm×80cm	1 块	
3	自攻螺丝	长度 20 mm	30 个	

(3) 工具、用具准备：

序　号	名　称	规　格	数　量	备　注
1	一字螺钉旋具		1 把	
2	十字螺钉旋具		1 把	

续表

序号	名称	规格	数量	备注
3	尖嘴钳		1把	
4	剥线钳		1把	
5	线手套		1副	

3. 操作程序说明

（1）分析判断排除故障。

（2）填写故障点记录表。

（3）杜绝故障点扩大。

（4）清理现场。

4. 考核规定说明：

（1）如操作违章或未按操作程序执行操作，将停止考核。

（2）考核采用百分制，考核项目得分按鉴定比重进行折算。

（3）考核方式说明：该项目为实际操作(结果型)，考核过程按评分标准及操作结果进行评分。

（4）测量技能说明：本项目主要测量考生对动力箱电路故障的排查能力。

5. 考核时限

（1）准备工作：5min(不计入考核时间)。

（2）正式操作时间：30min。

（3）提前完成操作不加分，到时终止操作考核。

6. 评分记录表

排除动力箱电路故障评分记录表

操作时间：30min　　　　考生：　　　　操作用时：

序号	考核内容	操作规程	评分要素	评分标准	配分	扣分	得分
1	分析判断，排除故障	通过电阻法、逻辑分析法等方法判断并排除故障	分析判断正确	每少排除1处故障扣10分	40		
2	填写故障点记录	根据故障点位置填写故障记录	填写正确	1. 未填写故障记录扣10分； 2. 故障名称填写错误，每处扣10分； 3. 故障位置填写错误，每处扣10分	30		
3	杜绝故障点扩大	杜绝故障点扩大	操作正确	1. 扩大故障点扣10分； 2. 损坏元件扣5分	15		

续表

序号	考核内容	操作规程	评分要素	评分标准	配分	扣分	得分
4	清理现场	清理现场	清理干净	未清理现场，从总分中扣5分	5		
5	安全文明操作	按国家或企业颁发有关安全规定执行操作	遵守规定	每违反一项规定，从总分中扣5分，严重违规取消考核	10		
合　计					100		

考评员：　　　　　　　　　　核分员：　　　　　　　　　　年　月　日

四十五、安装变频器操作

1. 考核要求

（1）必须穿戴劳动保护用品。
（2）工具、用具准备齐全，正确使用。
（3）操作规程符合安全文明操作。
（4）按规定完成操作项目，质量达到技术要求。
（5）操作完毕，做到“工完、料净、场地清”。

2. 准备要求

（1）设备准备：

序号	名称	规格	数量	备注
1	西门子变频器	MM430	1台	

（2）材料准备：

序号	名称	规格	数量	备注
1	绝缘胶布		1卷	
2	绑扎带		1卷	

（3）工具、用具准备：

序号	名称	规格	数量	备注
1	梅花起子		1把	
2	一字起子		1把	
3	活动扳手		1把	
4	剥线钳		1把	
5	电钻		1个	
6	线轱辘		1个	
7	万用表		1块	
8	绝缘摇表		1块	
9	点温枪		1把	
10	绝缘手套		1副	

3. 操作程序说明

(1) 变频器检查测试。
(2) 安装变频器及接线。
(3) 通电测试。
(4) 检查变频器运行。

4. 考核规定说明

(1) 如发现操作过程中可能发生重大违章(如人身伤害、环境污染、设备损坏等),将终止操作。
(2) 考核采用百分制,考核项目得分按鉴定比重进行折算。
(3) 考核方式说明:本项目为实际操作题,考核过程按评分标准及操作过程进行评分。
(4) 测量技能说明:本项目主要测试考生对安装变频器操作的熟练程度。

5. 考核时限

(1) 准备工作:10min(不计入考核时间)。
(2) 正式操作时间:60min。
(3) 提前完成操作不加分,到时终止操作考核。

6. 评分记录表

安装变频器操作评分记录表

操作时间:60min　　考生:　　操作用时:

序号	考核内容	操作规程	评分要素	评分标准	配分	扣分	得分
1	准备	1. 工具、仪表准备; 2. 元件检查	准备齐全、检查正确	1. 未检查工具、仪表扣2分; 2. 未检查元件扣3分	5		
2	安装前检查	1. 检查变频器和电机功率匹配; 2. 检查危险带电源;	检查正确	1. 未检查变频器和电机功率匹配扣2分; 2. 未检查危险带电源扣5分	5		
3	安装	1. 变频器和消谐装置开孔,固定; 2. 一次接线; 3. 二次控制接线; 4. 上电测试	安装正确	1. 安装中没有佩戴劳动防护用品扣5分; 2. 接点松动、露铜过长、压绝缘层、反圈,每处扣1分(最多扣10分); 3. 损伤导线绝缘或线芯,每处扣1分(最多扣5分)	60		
4	测试	1. 测试变频器的操作方式; 2. 测试变频器的启停功能; 3. 测试电机的正反转; 4. 测试变频器的变频调节功能	测试正确	1. 未测试变频器的操作方式扣5分; 2. 未测试变频器的启停功能扣5分; 3. 未测试电机的正反转功能扣5分; 4. 未测试变频器的变频调节功能扣5分	20		

续表

序号	考核内容	操作规程	评分要素	评分标准	配分	扣分	得分
5	清理现场	清理现场	清理干净	未清理现场扣5分	5		
6	安全文明操作	按国家或企业颁发有关安全规定执行操作	遵守规定	每违反一项规定，从总分中扣5分，严重违规取消考核	5		
合计					100		

考评员： 核分员： 年 月 日

四十六、安装及检查塑壳式断路器操作

1. 考核要求

(1) 必须穿戴劳动保护用品。
(2) 工具、用具准备齐全，正确使用。
(3) 操作规程符合安全文明操作。
(4) 按规定完成操作项目，质量达到技术要求。
(5) 操作完毕，做到“工完、料净、场地清”。

2. 准备要求

(1) 设备准备：

序号	名称	规格	数量	备注
1	塑壳式断路器	CM3	1台	

(2) 材料准备：

序号	名称	规格	数量	备注
1	绝缘胶布		1卷	
2	绑扎带		1卷	

(3) 工具、用具准备：

序号	名称	规格	数量	备注
1	梅花起子		1把	
2	一字起子		1把	
3	活动扳手		1把	
4	剥线钳		1把	
5	电钻		1个	
6	线轱辘		1个	
7	万用表		1块	
8	绝缘摇表		1块	
9	点温枪		1把	
10	绝缘手套		1副	

3. 操作程序说明

（1）塑壳断路器检查测试。

（2）安装塑壳断路器及接线。

（3）通电测试。

（4）检查塑壳断路器运行。

4. 考核规定说明

（1）如发现操作过程中可能发生重大违章（如人身伤害、环境污染、设备损坏等），将终止操作。

（2）考核采用百分制，考核项目得分按鉴定比重进行折算。

（3）考核方式说明：本项目为实际操作题，考核过程按评分标准及操作过程进行评分。

（4）测量技能说明：本项目主要测试考生对塑壳式断路器的安装要求及运行正常检查的熟练程度。

5. 考核时限

（1）准备工作：5min（不计入考核时间）。

（2）正式操作时间：60min。

（3）提前完成操作不加分，到时终止操作考核。

6. 评分记录表

安装及检查塑壳式断路器操作评分记录表

操作时间：60min　　　　考生：　　　　操作用时：

序号	考核内容	操作规程	评分要素	评分标准	配分	扣分	得分
1	准备	1. 工具、仪表准备； 2. 元件检查	准备齐全、检查正确	1. 未检查工具、仪表扣2分； 2. 未检查元件扣3分	5		
2	安装前检查	1. 外观检查； 2. 零件检查； 3. 绝缘测试； 4. 配电柜安装空间、尺寸检查	检查正确	1. 未外观检查扣2分； 2. 未零件测试扣2分； 3. 未绝缘测试扣2分； 4. 未检查安装空间和尺寸扣2分	5		
3	安装	1. 安装开孔，固定； 2. 上端子接线； 3. 下端子接线； 4. 上电测试	安装正确	1. 安装前未验电扣10分； 2. 安装中没有佩戴劳动防护用品扣5分； 3. 接点松动、露铜过长、压绝缘层、反圈，每处扣1分（最多扣10分）； 4. 损伤导线绝缘或线芯，每处扣1分（最多扣5分）	60		

续表

序号	考核内容	操作规程	评分要素	评分标准	配分	扣分	得分
4	测试	1. 测试断路器的分段； 2. 测试断路器的脱扣功能	测试正确	1. 未检查断路器的分段扣2分； 2. 未检查断路器的脱扣扣2分	5		
5	巡检	1. 用钳形电流表测试电流； 2. 用点温枪测试发热	巡检正确	1. 未测试电流扣2分； 2. 未检查发热扣2分	10		
6	清理现场	清理现场	清理干净	未清理现场扣5分	5		
7	安全文明操作	按国家或企业颁发有关安全规定执行操作	遵守规定	每违反一项规定，从总分中扣5分，严重违规取消考核	10		
合　计					100		

考评员：　　　　核分员：　　　　年　月　日

四十七、安装及检查游梁式抽油机启动柜操作

1. 考核要求

(1) 必须穿戴劳动保护用品。

(2) 工具、电气仪表准备齐全，正确使用。

(3) 操作规程符合安全文明操作。

(4) 按规定完成操作项目，质量达到技术要求。

(5) 操作完毕，做到“工完、料净、场地清”。

2. 准备要求

(1) 设备准备：

序 号	名 称	规 格	数 量	备 注
1	游梁式抽油机井启动柜	××	1个	
2	游梁式抽油机电机	37kW	1台	

(2) 材料准备：

序 号	名 称	规 格	数 量	备 注
1	绝缘胶布		3卷	
2	手套		2副	
3	绝缘手套		1副	
4	防爆胶泥		1袋	
5	钢管	50mm	若干	

(3) 工具、用具准备：

序 号	名 称	规 格	数 量	备 注
1	开口、梅花扳手		各1套	
2	平口、梅花起子		各1套	
3	活动扳手		1把	
4	万用表		1块	
5	绝缘摇表	500V	1块	
6	试电笔		1支	
7	低压电缆	铜3×25+1×16(mm)	10m	对于37kW电机

续表

序号	名称	规格	数量	备注
8	压线钳		1套	
9	铜线鼻子	25mm、16mm	若干	

3. 操作程序说明

1）启动柜安装

（1）检查启动柜在运输、搬运过程中，柜内元器件、端子是否有松动、脱落现象，发现后应及时紧固。

（2）将启动柜搬放就位，放平使其基座处于水平位置，(允许偏差±5mm)四条底脚螺栓要紧固牢靠。

（3）检查电动机的铭牌，看功率、电压是否与额定电压相符。

（4）检查电动机的接线是否正确，接线端子螺丝是否有松动，接线盒是否密封良好。

（5）检测电动机的对地及相间绝缘电阻，对于380V电机，新电机应大于1MΩ，旧电机应大于0.5MΩ。

（6）将电源线从柜体底部引入，分别接入电源端子A、B、C、N，将电机线从柜体底部引入，分别接入电机接线端子U、V、W。

（7）电动机电缆引出地面时应穿管保护，地上部分应大于90cm，地下固定部分不应小于30cm。

（8）电动机电缆接线应用线鼻子压接，接零线压在接零螺丝上。

（9）对电缆头分叉处应用绝缘胶带包好，电缆穿线钢管口应用胶泥封堵，防止雨水进入。

（10）电动机电缆富裕长度应相同，弯度应一致。

（11）电动机电缆穿线管、电动机外壳、电动机电控柜都应做电气保护接地。

（12）应根据电动机的额定电流划好电流表的红色警戒线。

2）电动机保护器电流调节

（1）根据井况对综合保护器进行调节，不要超出电机额定电流的20%。

（2）调节方法是：逆时针旋转调节电位器，使过载指示灯刚点亮，再顺时针旋转少许使指示灯熄灭，观查几分钟后即可。

3）游梁式抽油机启动柜日常巡视

（1）检查启动柜三相电压是否正常。

（2）检查启动柜的电流表是否超过红色警戒线。

（3）检查接线端子是否有松动、过热现象。

（4）检查电缆是否有损坏、老化开裂现象。

（5）定期清理沙尘(在停电时进行)，保持柜内清洁。

4. 考核规定说明

（1）如发现操作过程中可能发生重大违章(如人身伤害、环境污染、设备损坏等)，将终止操作。

（2）考核采用百分制，考核项目得分按鉴定比重进行折算。

（3）考核方式说明：本项目为实际操作题，考核过程按评分标准及操作过程进行评分。

（4）考评技能说明：本项目主要测试考生对游梁式抽油机启动柜安装和检查技能掌握的熟练程度。

5. 考核时限

（1）准备工作：10min（不计入考核时间）。

（2）正式操作时间：180min。

（3）提前完成操作不加分，到时终止操作考核。

6. 评分记录表

安装及检查游梁式抽油机启动柜操作评分记录表

操作时间：180min　　考生：　　操作用时：

序号	考核内容	操作规程	评分要素	评分标准	配分	扣分	得分
1	准备	1. 穿戴好劳动保护用品； 2. 准备工具、用具：开口、梅花扳手，平口、梅花起子，活动扳手，万用表，绝缘摇表，试电笔，低压电缆，压线钳，铜线鼻子	准备工具、用具	1. 劳动保护用品穿戴不规范扣5分； 2. 未准备工具及材料扣5分，多、少准备一件扣1分	5		
2	检查启动柜	1. 检查启动柜在运输、搬运过程中，柜内元器件、端子是否有松动、脱落现象，发现后应及时紧固； 2. 将启动柜搬放就位，放平使其基座处于水平位置，（允许偏差±5mm）四条底脚螺栓要紧固牢靠； 3. 检查电动机的铭牌，看功率、电压是否与额定电压相符； 4. 检查电动机的接线是否正确，接线端子螺丝是否有松动，接线盒是否密封良好	对配电柜、电机的外观检查，确认设备安全	1. 未检查启动柜内元器件、端子是否有松动、脱落现象扣5分； 2. 未检查启动柜基座处于水平，四条底脚螺栓未紧固牢靠扣5分； 3. 不检查电动机的铭牌，看功率、电压是否与额定电压相符扣5分； 4. 不检查电动机的接线、接线端子螺丝、接线盒密封扣5分	10		
3	检查绝缘摇表及电机绝缘	1. 检查绝缘摇表，确认摇表完好； 2. 检测电动机的对地及相间绝缘电阻，对于380V电机，新电机应大于1MΩ，旧电机应大于0.5MΩ；	确认摇表完好，确认电机绝缘良好	1. 不会使用绝缘摇表扣10分； 2. 未检查绝缘摇表扣5分； 3. 不会检测电动机的对地及相间绝缘电阻扣10分； 4. 检测电动机的对地及相间绝缘电阻错误扣5分	20		

续表

序号	考核内容	操作规程	评分要素	评分标准	配分	扣分	得分
4	启动柜及电机电缆连接	1. 将电源线从柜体底部引入，分别接入电源端子 A、B、C、N，将电机线从柜体底部引入，分别接入电机接线端子 U、V、W； 2. 电动机电缆引出地面时应穿管保护，地上部分应大于 90cm，地下固定部分不应小于 30cm； 3. 电动机电缆接线应用线鼻子压接，接零线压在接零螺丝上； 4. 对电缆头分叉处应用绝缘胶带包好，电缆穿线钢管口应用胶泥封堵； 5. 电动机电缆穿线管、电动机外壳、电动机电控柜都应做电气保护接地； 6. 应根据电动机的额定电流划好电流表的红色警戒线	电缆接线、电机接线施工	1. 启动柜电源线、电机线接线错误扣 10 分； 2. 未对电缆引出地面穿管保护的扣 5 分； 3. 电缆接线未用线鼻子压接，接零线未压在接零螺丝上扣 5 分； 4. 未对电缆头分叉处和电缆穿线钢管口处理的扣 5 分； 5. 未对电动机电缆穿线管、电动机外壳、电动机电控柜做电气保护接地的扣 5 分； 6. 未根据电动机的额定电流划好电流表的红色警戒线的扣 5 分	30		
5	电动机保护器电流调节	1. 根据井况对综合保护器进行调节，不要超出电机额定电流的 20%； 2. 逆时针旋转调节电位器，使过载指示灯刚点亮，再顺时针旋转少许使指示灯熄灭	电动机保护器调节	1. 不会对综合保护器进行调节扣 5 分； 2. 电动机保护器电流调节错误扣 5 分	10		
6	清理场地对启动柜进行日常巡视	1. 清洁现场，收拾工具； 2. 检查启动柜三相电压是否正常； 3. 检查启动柜的电流表是否超过红色警戒线； 4. 检查接线端子是否有松动、过热现象； 5. 检查电缆是否有损坏、老化开裂现象； 6. 定期清理沙尘（在停电时进行），保持柜内清洁	收拾工具，清洁场地；会对启动柜进行日常巡视	1. 未清理现场扣 5 分，工具少收一件扣 2 分； 2. 不会对启动柜进行日常巡视，每项扣 5 分	15		
7	安全文明操作	1. 遵守国家或企业有关安全规定； 2. 操作过程中严格遵守“四不伤害”原则	遵守国家或企业有关安全规定	1. 每违反一项规定，从总分中扣 5 分； 2. 因操作不当造成人身伤害、环境污染、设备损坏，从总分中扣 10 分； 3. 严重违规终止操作	10		
合　计					100		

考评员：　　　　核分员：　　　　年　月　日

四十八、注水泵箱变电气设备试验及软启动柜检查操作

1. 考核要求

（1）必须穿戴劳动保护用品。

（2）工具、电气仪表准备齐全，正确使用。

（3）操作规程符合安全文明操作。

（4）按规定完成操作项目，质量达到技术要求。

（5）操作完毕，做到“工完、料净、场地清”。

2. 准备要求

（1）设备准备：

序 号	名 称	规 格	数 量	备 注
1	注水泵组合箱变电气设备	××	1台	
2	注水泵启动柜	××	1个	

（2）材料准备：

序 号	名 称	规 格	数 量	备 注
1	绝缘胶布		3卷	
2	手套		2副	
3	绝缘手套		1副	

（3）工具、用具准备：

序 号	名 称	规 格	数 量	备 注
1	开口、梅花扳手		各1套	
2	平口、梅花起子		各1套	
3	活动扳手		1把	
4	万用表		1块	
5	绝缘摇表	500V	1块	
6	双臂电桥		1个	
7	试电笔		1支	

3. 操作程序说明

1）组合箱变验收及变压器试验

（1）外观检查，油位检查。

（2）变压器线圈直流电阻的测定：采用直流双电桥测量，并使电位夹头在内测和电流夹头在外侧，分别测量三相绕组两相间的直流电阻 R_{AB}、R_{BC}、R_{CA} 和 R_a、R_b、R_c；三相绕组电阻同温下相互间的差别不应大于三相平均值的 2%无中性点引出的绕 组，线间差别不应大于三相平均值的 1%。

（3）变压器线圈绝缘电阻的测定：高压侧使用 2500V 兆欧表、低压侧使用 500V 兆欧表测量，被试绕组各引出端短接，接兆欧表 L 端，变压器的外壳接兆欧表的 E 端、非测量绕组短路接地进行测量；绝缘电阻值不应低于同温度下产品出厂试验值的 70%。

2）低压断路器选择

（1）低压断路器的额定电压应不小于线路、设备的正常工作电压；额定电流应不小于线路、设备的正常工作电流。

（2）应选带用复合脱扣的低压断路器，电磁脱扣器用于短路保护，热脱扣器用于过负荷保护。

（3）低压断路器电磁脱扣器的瞬时脱扣整定电流一般等于所控制电机功率的 20 倍，对于较小容量的电机瞬时脱扣整定电流一般等于所控制电机功率的 24 倍。

（4）热脱扣器的整定电流一般等于或大于电动机的额定功率，是所控制电机功率的 2～2.5 倍。

3）注水泵三相异步电动机试验

（1）电机绝缘电阻的测定：选用 500V 兆欧表，如各相的始末端均引出机壳外，则应分别测量每相绕组对机壳及其相互间的绝缘电阻。如三相绕组已在电动机内部连接仅引出三个出线端，则测量所有绕组对机壳的绝缘电阻。测量后，应将绕组对地放电。对于 380V 电机，新电机应大于 1MΩ，旧电机应大于 0.5MΩ。

（2）直流电阻的测定：绕组的直流电阻用双臂电桥或单臂电桥测量。电阻在 1Ω 及以下时，必须采用双臂电桥测量。测量时，电动机的转子静止不动。定子绕组的电阻应在电机的出线上测量。直流电阻最大(或最小)一相电阻与三相电阻平均值差的绝对值不大于三相平均值的 2%。

4）注水泵软启动柜检查

（1）检查启动柜的电流表是否超过红色警戒线。

（2）检查控制柜门和电缆孔洞是否密封，如有问题及时进行修理，以保证其密封性、防尘防潮。

（3）定期检查如接触器、指示灯、保险等各种电气元器件，保持良好的工作状态。

（4）检查接线端子是否有松动、过热现象。

（5）检查低压电缆是否有损坏、老化开裂现象。

（6）定期清理启动柜的灰尘(停电进行)。

4. 考核规定说明

(1) 如发现操作过程中可能发生重大违章(如人身伤害、环境污染、设备损坏等)，将终止操作。

(2) 考核采用百分制，考核项目得分按鉴定比重进行折算。

(3) 考核方式说明：本项目为实际操作题，考核过程按评分标准及操作过程进行评分。

(4) 考评技能说明：本项目主要测试考生对注水泵箱变电气设备试验及软启动柜检查技能掌握的熟练程度。

5. 考核时限

(1) 准备工作：10min(不计入考核时间)。

(2) 正式操作时间：180min。

(3) 提前完成操作不加分，到时终止操作考核。

6. 评分记录表

注水泵箱变电气设备试验及软启动柜检查操作评分记录表

操作时间：180min　　考生：　　操作用时：

序号	考核内容	操作规程	评分要素	评分标准	配分	扣分	得分
1	准备	1. 穿戴好劳动保护用品； 2. 准备工具、用具：开口、梅花扳手，平口、梅花起子，活动扳手，万用表，绝缘摇表，双臂电桥，试电笔	准备工具、用具	1. 劳动保护用品穿戴不规范扣5分； 2. 未准备工具及材料扣5分，多、少准备一件扣1分	5		
2	组合箱变验收及变压器试验	1. 外观检查，油位检查； 2. 变压器线圈直流电阻的测定：采用直流双电桥测量，并使电位夹头在内测和电流夹头在外侧，分别测量三相绕组两相间的直流电阻 R_{AB}、R_{BC}、R_{CA} 和 R_a、R_b、R_c；三相绕组电阻同温下相互间的差别不应大于三相平均值的2%无中性点引出的绕组，线间差别不应大于三相平均值的1%； 3. 变压器线圈绝缘电阻的测定：高压侧使用2500V兆欧表、低压侧使用500V兆欧表测量，被试绕组各引出端短接，接兆欧表L端，变压器的外壳接兆欧表的E端、非测量绕组短路接地进行测量；绝缘电阻值不应低于同温度下产品出厂试验值的70%	对组合箱变验收，变压器试验	1. 未对组合箱变进行外观检查，油位检查扣5分； 2. 不会对变压器线圈直流电阻测定扣10分； 3. 变压器线圈直流电阻测定错误扣5分； 4. 不会对变压器线圈绝缘电阻测定扣10分； 5. 变压器线圈绝缘电阻测定错误扣5分； 6. 未检查绝缘摇表扣5分； 7. 未检查双臂电桥扣5分	20		

续表

序号	考核内容	操作规程	评分要素	评分标准	配分	扣分	得分
3	选择低压断路器	1. 低压断路器的额定电压应不小于线路、设备的正常工作电压；额定电流应不小于线路、设备的正常工作电流； 2. 应选带用复合脱扣的低压断路器，电磁脱扣器用于短路保护，热脱扣器用于过负荷保护； 3. 低压断路器电磁脱扣器的瞬时脱扣整定电流一般等于所控制电机功率的 20 倍，对于较小容量的电机瞬时脱扣整定电流一般等于所控制电机功率的 24 倍； 4. 热脱扣器的整定电流一般等于或大于电动机的额定功率，是所控制电机功率的 2~2.5 倍	选择低压断路器	1. 断路器额定电压、额定电流选择错误扣 5 分； 2. 未选择带用复合脱扣的低压断路器扣 5 分； 3. 不会对断路器瞬时脱扣电流整定的扣 10 分； 4. 不会对断路器热脱扣电流整定的扣 10 分	20		
4	注水泵三相异步电动机试验	1. 电机绝缘电阻的测定：选用 500V 兆欧表，如各相的始末端均引出机壳外，则应分别测量每相绕组对机壳及其相互间的绝缘电阻；如三相绕组已在电动机内部连接仅引出三个出线端时，则测量所有绕组对机壳的绝缘电阻；测量后，应将绕组对地放电；对于 380V 电机，新电机应大于 1MΩ，旧电机应大于 0.5MΩ； 2. 直流电阻的测定：绕组的直流电阻用双臂电桥或单臂电桥测量；电阻在 1Ω 及以下时，必须采用双臂电桥测量；测量时，电动机的转子静止不动；定子绕组的电阻应在电机的出线上测量；直流电阻最大(或最小)一相电阻与三相电阻平均值差的绝对值不大于三相平均值的 2%	异步电动机试验	1. 不会对电动机进行直流电阻测定扣 10 分； 2. 电动机线圈直流电阻测定错误扣 5 分； 3. 不会对电动机进行绝缘电阻测定扣 10 分； 4. 电动机线圈绝缘电阻测定错误扣 5 分； 5. 未检查绝缘摇表扣 5 分； 6. 未检查双臂电桥扣 5 分	30		

续表

序号	考核内容	操作规程	评分要素	评分标准	配分	扣分	得分
5	清理场地，对启动柜进行日常巡视	1. 清洁现场，收拾工具； 2. 检查启动柜的电流表是否超过红色警戒线； 3. 检查控制柜门和电缆孔洞是否密封，如有问题及时进行修理以保证其密封性，防尘防潮； 4. 定期检查如接触器、指示灯、保险等各种电气元器件，保持良好的工作状态； 5. 检查接线端子是否有松动、过热现象； 6. 检查低压电缆是否有损坏、老化开裂现象； 7. 定期清理启动柜的灰尘（停电进行）	收拾工具，清洁场地；对启动柜进行日常巡视	1. 未清理现场扣5分，工具少收一件扣2分； 2. 不会对启动柜进行日常巡视，每项扣5分	15		
6	安全文明操作	1. 遵守国家或企业有关安全规定； 2. 操作过程中严格遵守“四不伤害”原则	遵守国家或企业有关安全规定	1. 每违反一项规定，从总分中扣5分； 2. 因操作不当造成人身伤害、环境污染、设备损坏从总分中扣10分； 3. 严重违规终止操作	10		
合计					100		

考评员：　　　　核分员：　　　　年　月　日

四十九、安装及检查皮带抽油机启动柜操作

1. 考核要求

（1）必须穿戴劳动保护用品。
（2）工具、电气仪表准备齐全，正确使用。
（3）操作规程符合安全文明操作。
（4）按规定完成操作项目，质量达到技术要求。
（5）操作完毕，做到“工完、料净、场地清”。

2. 准备要求

（1）设备准备：

序　号	名　称	规　格	数　量	备　注
1	皮带式抽油机井启动柜	××	1个	

（2）材料准备：

序　号	名　称	规　格	数　量	备　注
1	绝缘胶布		3卷	
2	手套		2副	
3	绝缘手套		1副	
4	防爆胶泥		1袋	
5	钢管	50mm	若干	

（3）工具、用具准备：

序　号	名　称	规　格	数　量	备　注
1	开口、梅花扳手		各1套	
2	平口、梅花起子		各1套	
3	活动扳手		1把	
4	万用表		1块	
5	绝缘摇表	500V	1块	
6	试电笔		1支	
7	低压电缆	铜 3×35+1×16(mm^2)	10m	对于55kW电机
8	压线钳		1套	
9	铜线鼻子	$35mm^2$、$16mm^2$	若干	

3. 操作程序说明

1）启动柜安装

（1）检查启动柜在运输、搬运过程中，柜内元器件、端子是否有松动、脱落现象，发现后应及时紧固。

（2）将启动柜搬放就位，放平使其基座处于水平位置（允许偏差±5mm），四条底脚螺栓要紧固牢靠。

（3）检查电动机的铭牌，看功率、电压是否与额定电压相符。

（4）检查电动机的接线是否正确，接线端子螺丝是否有松动，接线盒是否密封良好。

（5）检测电动机的对地及相间绝缘电阻，对于380V电机，新电机应大于1MΩ，旧电机应大于0.5MΩ。

（6）将电源线从柜体底部引入，分别接入电源端子A、B、C、N，将电机线从柜体底部引入，分别接入电机接线端子U、V、W。

（7）电动机电缆引出地面时应穿管保护，地上部分应大于90cm，地下固定部分不应小于30cm。

（8）电动机电缆接线应用线鼻子压接，接零线压在接零螺丝上。

（9）对电缆头分叉处应用绝缘胶带包好，电缆穿线钢管口应用胶泥封堵；防止雨水进入。

（10）电动机电缆富裕长度应相同，弯度应一致。

（11）电动机电缆穿线管、电动机外壳、电动机电控柜都应做电气保护接地。

（12）应根据电动机的额定电流划好电流表的红色警戒线。

（13）皮带式抽油机柜内有变频器或触摸屏等精密电气设备，应做好配电柜的密封、恒温工作。

2）皮带式抽油机启动柜日常巡视内容

（1）检查启动柜三相电压是否正常。

（2）检查启动柜的电流表是否超过红色警戒线。

（3）检查控制柜门和电缆孔洞是否密封，如有问题及时进行修理，以保证其密封性、防尘防潮。

（4）检查电缆是否有损坏、老化开裂现象。

（5）定期检查如接触器、指示灯、保险等各种电气元器件，保持良好的工作状态。

（6）变频启动柜应有必须的冷却降温措施，柜内温升不宜超过55℃。

4. 考核规定说明

（1）如发现操作过程中可能发生重大违章（如人身伤害、环境污染、设备损坏等），将终止操作。

（2）考核采用百分制，考核项目得分按鉴定比重进行折算。

（3）考核方式说明：本项目为实际操作题，考核过程按评分标准及操作过程进行评分。

（4）考评技能说明：本项目主要测试考生对皮带式抽油机启动柜安装和检查技能掌握的熟练程度。

5. 考核时限

(1) 准备工作：10min(不计入考核时间)。
(2) 正式操作时间：180min。
(3) 提前完成操作不加分，到时终止操作考核。

6. 评分记录表

安装及检查皮带抽油机启动柜操作评分记录表

操作时间：180min　　　　考生：　　　　操作用时：

序号	考核内容	操作规程	评分要素	评分标准	配分	扣分	得分
1	准备	1. 穿戴好劳动保护用品； 2. 准备工具、用具：开口、梅花扳手，平口、梅花起子，活动扳手，万用表，绝缘摇表，试电笔，低压电缆，压线钳，铜线鼻子，钢管	准备工具、用具	1. 劳动保护用品穿戴不规范扣5分； 2. 未准备工具及材料扣5分，多、少准备一件扣1分	5		
2	检查启动柜	1. 检查启动柜在运输、搬运过程中，柜内元器件、端子是否有松动、脱落现象，发现后应及时紧固； 2. 将启动柜搬放就位，放平使其基座处于水平位置(允许偏差±5mm)，四条底脚螺栓要紧固牢靠； 3. 检查电动机的铭牌，看功率、电压是否与额定电压相符； 4. 检查电动机的接线是否正确，接线端子螺丝是否有松动，接线盒是否密封良好	对配电柜、电机的外观检查，确认设备安全	1. 未检查启动柜内元器件、端子是否有松动、脱落现象扣5分； 2. 未检查启动柜基座处于水平，四条底脚螺栓未紧固牢靠扣5分； 3. 不检查电动机的铭牌，看功率、电压是否与额定电压相符扣5分； 4. 不检查电动机的接线、接线端子螺丝、接线盒密封扣5分	10		
3	检查绝缘摇表及电机绝缘	1. 检查绝缘摇表，确认摇表完好； 2. 检测电动机的对地及相间绝缘电阻，对于380V电机，新电机应大于1MΩ，旧电机应大于0.5MΩ	确认摇表完好，确认电机绝缘良好	1. 不会使用绝缘摇表扣10分； 2. 未检查绝缘摇表扣5分； 3. 不会检测电动机的对地及相间绝缘电阻扣10分； 4. 检测电动机的对地及相间绝缘电阻错误扣5分	15		

续表

序号	考核内容	操作规程	评分要素	评分标准	配分	扣分	得分
4	启动柜及电机电缆连接	1. 将电源线从柜体底部引入，分别接入电源端子A、B、C、N，将电机线从柜体底部引入，分别接入电机接线端子U、V、W； 2. 电动机电缆引出地面时应穿管保护，地上部分应大于90cm，地下固定部分不应小于30cm； 3. 电动机电缆接线应用线鼻子压接，接零线压在接零螺丝上； 4. 对电缆头分叉处应用绝缘胶带包好，电缆穿线钢管口应用胶泥封堵； 5. 电动机电缆穿线管、电动机外壳、电动机电控柜都应做电气保护接地； 6. 应根据电动机的额定电流划好电流表的红色警戒线	电缆的接线、电机接线施工	1. 启动柜电源线、电机线接线错误扣10分； 2. 未对电缆引出地面穿管保护的扣5分； 3. 电缆接线未用线鼻子压接，接零线未压在接零螺丝上扣5分； 4. 未对电缆头分叉处和电缆穿线钢管口处理的扣5分； 5. 未对电动机电缆穿线管、电动机外壳、电动机电控柜做电气保护接地的扣5分； 6. 未根据电动机的额定电流划好电流表的红色警戒线的扣5分	40		
5	清理场地对启动柜进行日常巡视	1. 清洁现场，收拾工具； 2. 检查启动柜三相电压是否正常； 3. 检查启动柜的电流表是否超过红色警戒线； 4. 检查控制柜门和电缆孔洞是否密封，如有问题及时进行修理，以保证其密封性、防尘防潮； 5. 检查电缆是否有损坏、老化开裂现象； 6. 检查接线端子是否有松动、过热现象； 7. 定期检查如接触器、指示灯、保险等各种电气元器件，保持良好的工作状态； 8. 变频启动柜应有必须的冷却降温措施，柜内温升不宜超过55℃	收拾工具，清洁场地；会对启动柜进行日常巡视	1. 未清理现场扣5分，工具少收一件扣2分； 2. 不会对启动柜进行日常巡视，每项扣5分	20		

续表

序号	考核内容	操作规程	评分要素	评分标准	配分	扣分	得分
6	安全文明操作	1. 遵守国家或企业有关安全规定； 2. 操作过程中严格遵守"四不伤害"原则	遵守国家或企业有关安全规定	1. 每违反一项规定，从总分中扣5分； 2. 因操作不当造成人身伤害、环境污染、设备损坏，从总分中扣10分； 3. 严重违规终止操作	10		
合　计					100		

考评员：　　　　　　　　核分员：　　　　　　　　年　月　日

五十、潜油电泵电气设备安装试验及电气设备检查操作

1. 考核要求

(1) 必须穿戴劳动保护用品。
(2) 工具、电气仪表准备齐全，正确使用。
(3) 操作规程符合安全文明操作。
(4) 按规定完成操作项目，质量达到技术要求。
(5) 操作完毕，做到"工完、料净、场地清"。

2. 准备要求

(1) 设备准备：

序号	名称	规格	数量	备注
1	单井配电柜	××	1个	
2	潜油电泵启动柜	××	1个	
3	潜油电泵	××	1台	

(2) 材料准备：

序号	名称	规格	数量	备注
1	绝缘胶布		3卷	
2	手套		2副	
3	绝缘手套		1副	
4	大扁电缆	中亚电缆	10m	

(3) 工具、用具准备：

序号	名称	规格	数量	备注
1	开口、梅花扳手		各1套	
2	平口、梅花起子		各1套	
3	活动扳手		1把	
4	万用表		1块	
5	绝缘摇表	500V	1块	
6	双臂电桥		1个	
7	试电笔		1支	

3. 操作程序说明

1）潜油泵低压断路器选择

（1）低压断路器的额定电压应不小于线路、设备的正常工作电压；额定电流应不小于线路、设备的正常工作电流。

（2）应选带用复合脱扣的低压断路器，电磁脱扣器用于短路保护，热脱扣器用于过负荷保护。

（3）潜油泵电机经过潜油泵变压器升压，如果将潜油泵额定电流换算为低压电流还需要乘以系数 n，对于 2kV 电泵，$n=2\text{kV}/0.4\text{kV}=5$，所以低压断路器的额定电流 $I=5I_{\text{电泵额定电流}}$，即低压断路器的额定电流为电潜泵额定电流的 5 倍。

（4）低压断路器电磁脱扣器的瞬时脱扣整定电流 $I=50I_{\text{电泵额定电流}}$。

（5）热脱扣器的整定电流 $I=6.25\ I_{\text{电泵额定电流}}$。

2）潜油泵变压器中压出线电缆接线

（1）选用合适电压等级的扁电缆或圆电缆，并且电缆额定电压应大于工作电压；一般禁止地面明敷电缆，应用专用支架将电缆支起来。

（2）电缆必须穿管敷设时，管内径不应小于电缆外径的 1.5 倍，且不小于 100mm，并且钢管应有固定措施。

（3）电缆从地下引入潜油泵变压器高压侧时应有固定措施，防止电缆的重力施加在变压器接线柱上。

（4）电缆应使用专用的电缆接线箱，接线箱必须接地，并且密封良好。

（5）电缆及电机用 1000V 摇表测量后绝缘电阻应大于 500 MΩ（换算值）。

3）潜油电泵机组试验

（1）电机绝缘电阻的测定：选用 1000V 兆欧表，如各相的始末端均引出机壳外，则应分别测量每相绕组对机壳及其相互间的绝缘电阻。如三相绕组已在电动机内部连接仅引出三个出线端，则测量所有绕组对机壳的绝缘电阻。测量后，应将绕组对地放电。冷态绝缘电阻（对地）>2000MΩ。

（2）绕组直流电阻的测定：绕组的直流电阻用双臂电桥或单臂电桥测量。电阻在 1Ω 及以下时，必须采用双臂电桥测量。测量时，电动机的转子静止不动。定子绕组的电阻应在电机的出线上测量。直流电阻最大（或最小）一相电阻与三相电阻平均值差的绝对值不大于三相平均值的 2%。

4）潜油电泵电气部分维护保养

（1）定期测量井下设备的对地绝缘电阻和三相直流电阻。

（2）控制柜的检查和维护：定期对控制柜进行清扫（断电情况下），除去潮气、灰尘和污垢。检查控制柜门和电缆孔洞是否密封，如有问题及时进行修理，以保证其密封性、防尘防潮。定期检查如指示灯、保险等各种电气元器件，保持良好的工作状态。检查接线端子是否有松动、过热现象。变频启动柜应有必须的冷却降温措施，柜内温升不宜超过 55℃。检查电缆是否有损坏、老化开裂现象。

（3）潜油泵变压器的检查和维护：检查变压器是否漏油、腐蚀及绝缘失效，缺油的要及时补充变压器油；连接螺丝是否松动，并检查变压器壳体的状况，处理所发现的问题。对变压器的吸湿器进行检查，有问题及时进行更换。

（4）检查从电源到变压器、控制柜、接线盒及井口的连接电缆和紧固螺丝。

（5）对所有设备壳体的接地线仔细进行检查，以保证其安全性。

（6）对井口电缆密封定期进行检查，如有渗漏，应采取措施及时进行处理。

4. 考核规定说明

（1）如发现操作过程中可能发生重大违章(如人身伤害、环境污染、设备损坏等)，将终止操作。

（2）考核采用百分制，考核项目得分按鉴定比重进行折算。

（3）考核方式说明：本项目为实际操作题，考核过程按评分标准及操作过程进行评分。

（4）考评技能说明：本项目主要测试考生对潜油电泵电气设备安装试验及电气设备检查技能掌握的熟练程度。

5. 考核时限

（1）准备工作：10min(不计入考核时间)。

（2）正式操作时间：180min。

（3）提前完成操作不加分，到时终止操作考核。

6. 评分记录表

潜油电泵电气设备安装试验及电气设备检查操作评分记录表

操作时间：180min　　考生：　　操作用时：

序号	考核内容	操作规程	评分要素	评分标准	配分	扣分	得分
1	准备	1. 穿戴好劳动保护用品； 2. 准备工具、用具：开口、梅花扳手，平口、梅花起子，活动扳手，万用表，绝缘摇表，双臂电桥，试电笔	准备工具、用具	1. 劳动保护用品穿戴不规范扣5分； 2. 未准备工具及材料扣5分，多、少准备一件扣1分	5		
2	选择低压断路器	1. 低压断路器的额定电压应不小于线路、设备的正常工作电压；额定电流应不小于线路、设备的正常工作电流； 2. 应选带用复合脱扣的低压断路器，电磁脱扣器用于短路保护，热脱扣器用于过负荷保护； 3. 潜油泵电机经过潜油泵变压器升压，如果将潜油泵额定电流换算为低压电流还需要乘以系数 n，对于2kV电泵，n=2kV/0.4kV=5，所以低压断路器的额定电流 $I=5I$ 电泵额定电流，即低压断路器的额定电流为电潜泵额定电流的5倍； 4. 低压断路器电磁脱扣器的瞬时脱扣整定电流 $I=50I$ 电泵额定电流； 5. 热脱扣器的整定电流 $I=6.25I$ 电泵额定电流	选择低压断路器	1. 断路器额定电压、额定电流选择错误扣5分； 2. 未选择带用复合脱扣的低压断路器扣5分； 3. 不会对断路器瞬时脱扣电流整定扣10分； 4. 不会对断路器热脱扣电流整定扣10分； 5. 不会潜油泵额定电流换算为低压电流乘以系数 n 扣10分	25		

续表

序号	考核内容	操作规程	评分要素	评分标准	配分	扣分	得分
3	潜油泵变压器中压出线电缆接线	1. 选用合适电压等级的扁电缆或圆电缆，并且电缆额定电压应大于工作电压；一般禁止地面明敷电缆，应用专用支架将电缆支起来； 2. 电缆必须穿管敷设时，管内径不应小于电缆外径的 1.5 倍，且不小于 100mm；并且钢管应有固定措施； 3. 电缆从地下引入潜油泵变压器高压侧时应有固定措施，防止电缆的重力施加在变压器接线柱上； 4. 电缆应使用专用的电缆接线箱，接线箱必须接地，并且密封良好； 5. 电缆及电机用 1000V 摇表测量后绝缘电阻应大于 500 MΩ (换算值)	潜油泵变压器中压出线电缆接线	1. 中压电缆选择错误扣 10 分； 3. 中压电缆敷设错误扣 5 分； 4. 不会对电动、电缆进行绝缘电阻测定扣 10 分； 5. 电动机线圈绝缘电阻测定错误扣 5 分			
4	潜油电泵机组试验	1. 电机绝缘电阻的测定：选用 1000V 兆欧表，如各相的始末端均引出机壳外，则应分别测量每相绕组对机壳及其相互间的绝缘电阻；如三相绕组已在电动机内部连接仅引出三个出线端，则测量所有绕组对机壳的绝缘电阻；测量后，应将绕组对地放电；绝缘电阻(对地)>2000MΩ； 2. 绕组直流电阻的测定：绕组的直流电阻用双臂电桥或单臂电桥测量；电阻在 1Ω 及以下时，必须采用双臂电桥测量；测量时，电动机的转子静止不动；定子绕组的电阻应在电机的出线上测量。直流电阻最大(或最小)一相电阻与三相电阻平均值差的绝对值不大于三相平均值的 2%	潜油电泵机组试验	1. 不会对潜油电泵进行直流电阻测定扣 10 分； 2. 潜油电泵线圈直流电阻测定错误扣 5 分； 3. 不会对潜油电泵进行绝缘电阻测定扣 10 分； 4. 潜油电泵线圈绝缘电阻测定错误扣 5 分； 5. 未检查绝缘摇表扣 5 分； 6. 未检查双臂电桥扣 5 分	40		

续表

序号	考核内容	操作规程	评分要素	评分标准	配分	扣分	得分
5	清理场地对潜油电泵电气部分日常巡视	1. 测量井下设备的对地绝缘电阻和三相直流电阻； 2. 控制柜的检查和维护：定期对控制柜进行清扫(断电情况下)，除去潮气、灰尘和污垢；检查控制柜门和电缆孔洞是否密封，如有问题及时进行修理，以保证其密封性、防尘防潮；定期检查如指示灯、保险等各种电气元器件，保持良好的工作状态；检查接线端子是否有松动、过热现象；变频启动柜应有必须的冷却降温措施，柜内温升不宜超过55℃；检查电缆是否有损坏、老化开裂现象； 3. 潜油泵变压器的检查和维护：检查变压器是否漏油、腐蚀及绝缘失效，缺油的要及时补充变压器油；连接螺丝是否松动，并检查变压器壳体的状况，处理所发现的问题；对变压器的吸湿器进行检查，有问题及时进行更换； 4. 检查从电源到变压器、控制柜、接线盒及井口的连接电缆和紧固螺丝； 5. 对所有设备壳体的接地线仔细进行检查，以保证其安全性； 6. 对井口电缆密封定期进行检查，如有渗漏，应采取措施及时进行处理	1. 收拾工具，清洁场地； 2. 会对启潜油电泵电气部分日常巡视	1. 未清理现场扣5分，工具少收一件扣2分； 2. 不会对启动柜进行日常巡视检查，每项扣5分	20		
6	安全文明操作	1. 遵守国家或企业有关安全规定； 2. 操作过程中严格遵守“四不伤害”原则	遵守国家或企业有关安全规定	1. 每违反一项规定，从总分中扣5分； 2. 因操作不当造成人身伤害、环境污染、设备损坏，从总分中扣10分； 3. 严重违规终止操作	10		
合计					100		

考评员：　　　　核分员：　　　　年　月　日

五十一、三相井筒电加热电气设备安装试验及配电柜检查操作

1. 考核要求

（1）必须穿戴劳动保护用品。
（2）工具、电气仪表准备齐全，正确使用。
（3）操作规程符合安全文明操作。
（4）按规定完成操作项目，质量达到技术要求。
（5）操作完毕，做到“工完、料净、场地清”。

2. 准备要求

（1）设备准备：

序　号	名　称	规　格	数　量	备　注
1	井筒电加热启动柜	××	1个	

（2）材料准备：

序　号	名　称	规　格	数　量	备　注
1	绝缘胶布		3卷	
2	手套		2副	
3	绝缘手套		1副	
4	防爆胶泥		1袋	

（3）工具、用具准备：

序　号	名　称	规　格	数　量	备　注
1	开口、梅花扳手		各1套	
2	平口、梅花起子		各1套	
3	活动扳手		1把	
4	万用表		1块	
5	绝缘摇表	500V	1块	
6	双臂电桥		1个	
7	试电笔		1支	

3. 操作程序说明

1）井筒电加热一级配电柜低压空开选择

（1）三相电加热380V侧额定电流的计算方法：$I=1000P/1.732\times U=1000P/1.732\times 380=1.5P$，$P$为三相井筒电加热的功率，对于三相井筒电加热380V侧来说为1kW、1.5A。

（2）低压断路器的选用：低压断路器的额定电压为不小于设备的正常工作电压，额定电流应不小于设备的正常工作电流。选带用复合脱扣的低压断路器，电磁脱扣器用于短路保护，热脱扣器用于过负荷保护。

2）井筒电加热一级配电柜出线电缆接线

（1）禁止地面明敷电缆，否则应有防止机械损伤的措施；直埋电缆深度为0.7m，电缆上下应各铺盖100mm厚的软土或沙，要求埋设电缆标志桩。

（2）电缆头应用专用的线鼻子压接牢固后再接到空气开关上。

（3）直埋电缆时禁止将电缆平行敷设在管道的上面或下面。

（4）电缆入沟中后，不必严格将其拉直，应松弛成波浪形。

（5）电缆穿管敷设时，管内径不应小于电缆外径的1.5倍，且不小于100mm。

（6）相同电压的电缆并列敷设时，电缆间净距应大于35mm，且不小于电缆外径。

（7）电缆从地下引出配电箱时，出地面的一段应用金属管加以保护，金属管头部应做成喇叭口并且用胶泥密封。

（8）接出配电柜的电缆在安装完毕后应在柜体的进出电缆处对孔洞用胶泥密封。

3）井筒电加热一级配电柜出线电缆制作

（1）摇测电缆绝缘：选用500V摇表，对电缆进行摇测，绝缘电阻应在10MΩ以上。相间绝缘电阻测量：被测试相接兆欧表L端，另外一相接兆欧表的E端，剩下一相接地，三相分别进行测量。相对地绝缘电阻测量：被测试相接兆欧表L端，另外两相连接兆欧表的E端并接地，三相分别进行测量。电缆摇测完毕，应将芯线对地充分放电。

（2）包缠电缆分相部位：剥去电缆外包绝缘层，长度根据接线的实际情况确定。在电缆分相处用塑料带采用半叠法包缠电缆，塑料带包缠应紧密，形状呈枣核状。

（3）压电缆芯接线鼻子：从芯线端头量出长度为线鼻子的深度，另加5mm，剥去电缆芯线绝缘。将芯线插入接线鼻子内，用压线钳子压紧接线鼻子，压接应在两道以上。根据不同的相位，使用黄、绿、红、黑四色，塑料带分别包缠电缆各芯线。将做好的电缆固定在预先做好的电缆卡子上，并将芯线分开。根据接线端子的型号，用螺栓将电缆接线端子压接在空气开关上，注意应将平垫和弹簧垫安装齐全。

（4）质量标准：电缆终端头的制作安装应符合规范规定，绝缘电阻合格，电缆终端头固定牢固，芯线与线鼻子压接牢固，线鼻子与电气设备螺栓连接紧密，相序正确，绝缘包扎严密。

4）井筒电加热专用电缆接线

（1）应选用合适电压等级的特种加热电缆，并且电缆额定电压应大于工作电压；一般禁止地面明敷电缆。

（2）电缆放入井筒后用2500V摇表测量绝缘电阻应大于1500MΩ。

（3）电缆的最大允许电流为180A，当大于此电流时控制柜应有相应的保护停机措施。

（4）要求电缆耐高温、油、气和水，有适应井下工作状况的特性；电缆要适应井下工作温度大于200℃，并要求在−30℃环境下，进行起下泵作业时，电缆护套层不破裂。

(5) 空心抽油杆应光洁无毛刺，防止将电缆划伤。

(6) 在井口预留的加热电缆应合理摆放，不能将电缆缠绕埋地，防止电缆长时间涡流烧坏电缆。

5) 井筒电加热一级配电柜巡视

(1) 检查配电柜三相电压是否正常。

(2) 检查配电柜的电流表是否超过红色警戒线。

(3) 检查接线端子是否有松动、过热现象。

(4) 检查电缆是否有损坏、老化开裂现象。

(5) 定期清理沙尘(在停电时进行)，保持柜内清洁。

4. 考核规定说明

(1) 如发现操作过程中可能发生重大违章(如人身伤害、环境污染、设备损坏等)，将终止操作。

(2) 考核采用百分制，考核项目得分按鉴定比重进行折算。

(3) 考核方式说明：本项目为实际操作题，考核过程按评分标准及操作过程进行评分。

(4) 考评技能说明：本项目主要测试考生对三相井筒电加热电气设备安装试验及配电柜检查技能掌握的熟练程度。

5. 考核时限

(1) 准备工作：10min(不计入考核时间)。

(2) 正式操作时间：180min。

(3) 提前完成操作不加分，到时终止操作考核。

6. 评分记录表

三相井筒电加热电气设备安装试验及配电柜检查操作评分记录表

操作时间：180min　　　　考生：　　　　操作用时：

序号	考核内容	操作规程	评分要素	评分标准	配分	扣分	得分
1	准备	1. 穿戴好劳动保护用品； 2. 准备工具、用具：开口、梅花扳手，平口、梅花起子，活动扳手，万用表，绝缘摇表，双臂电桥，试电笔	准备工具、用具	1. 劳动保护用品穿戴不规范扣5分； 2. 未准备工具及材料扣5分，多、少准备一件扣1分	5		
2	选择低压断路器	1. 三相电加热380V侧额定电流的计算方法： $I=1000P/1.732\times U=1000P/1.732\times380=1.5P$，$P$为三相井筒电加热的功率，对于三相井筒电加热380V侧来说为1kW、1.5A； 2. 低压断路器的选用：低压断路器的额定电压不小于设备的正常工作电压；额定电流应不小于设备的正常工作电流； 3. 选带用复合脱扣的低压断路器，电磁脱扣器用于短路保护，热脱扣器用于过负荷保护	选择低压断路器	1. 断路器额定电压、额定电流选择错误扣5分； 2. 未选择带用复合脱扣的低压断路器扣5分； 3. 不会对断路器瞬时脱扣电流整定扣10分； 4. 不会对断路器热脱扣电流整定扣10分	15		

续表

序号	考核内容	操作规程	评分要素	评分标准	配分	扣分	得分
3	井筒电加热一级配电柜出线电缆接线	1. 禁止地面明敷电缆，否则应有防止机械损伤的措施；直埋电缆深度为0.7m，电缆上下应各铺盖100mm厚的软土或沙，要求埋设电缆标志桩； 2. 电缆头应用专用的线鼻子压接牢固后再接到空气开关上； 3. 直埋电缆时禁止将电缆平行敷设在管道的上面或下面； 4. 电缆穿管敷设时，管内径不应小于电缆外径的1.5倍，且不小于100mm； 5. 相同电压的电缆并列敷设时，电缆间净距应大于35mm，且不小于电缆外径； 6. 电缆从地下引出配电箱时，出地面的一段应用金属管加以保护，金属管头部应做成喇叭口并且用胶泥密封	一级配电柜出线电缆接线	1. 不会对配电柜出线电缆使用线鼻子压接扣10分； 2. 选择的电缆穿管内径小于电缆外径1.5倍，且管径小于100mm的扣10分； 3. 电缆保护金属管头部未做成喇叭口，未用胶泥密封扣10分	30		
4	井筒电加热专用电缆接线	1. 应选用合适电压等级的特种加热电缆，并且电缆额定电压应大于工作电压；一般禁止地面明敷电缆； 2. 电缆放入井筒后用2500V摇表测量绝缘电阻应大于1500MΩ； 3. 电缆的最大允许电流为180A，当大于此电流时控制柜应有相应的保护停机措施； 4. 要求电缆耐高温、油、气和水，有适应井下工作状况的特性；电缆要适应井下工作温度大于200℃，并要求在-30℃环境下，进行起下泵作业时，电缆护套层不破裂； 5. 空心抽油杆应光洁无毛刺，防止将电缆划伤； 6. 在井口预留的加热电缆应合理摆放，不能将电缆缠绕埋地，防止电缆长时间涡流烧坏电缆	井筒电加热专用电缆接线	1. 不会对电缆进行绝缘电阻测定扣10分； 2. 未检查绝缘摇表扣5分； 3. 井筒电加热专用电缆选择错误扣5分； 4. 井口预留的加热电缆摆放不合理扣10分	30		
5	清理场地，对井筒电加热一级配电柜日常巡视	1. 检查配电柜三相电压是否正常； 2. 检查配电柜的电流表是否超过红色警戒线； 3. 检查接线端子是否有松动、过热现象； 4. 检查电缆是否有损坏、老化开裂现象； 5. 定期清理沙尘(在停电时进行)，保持柜内清洁	1. 收拾工具，清洁场地； 2. 会对井筒电加热一级配电柜日常巡视	1. 未清理现场扣5分，工具少收一件扣2分； 2. 不会对启动柜进行日常巡视检查，每项扣5分	10		

续表

序号	考核内容	操作规程	评分要素	评分标准	配分	扣分	得分
6	安全文明操作	1. 遵守国家或企业有关安全规定； 2. 操作过程中严格遵守“四不伤害”原则	遵守国家或企业有关安全规定	1. 每违反一项规定，从总分中扣5分； 2. 因操作不当造成人身伤害、环境污染、设备损坏，从总分中扣20分； 3. 严重违规终止操作	10		
合计					100		

考评员： 核分员： 年 月 日

五十二、检查维护软启动柜操作

1. 考核要求

(1) 必须穿戴劳动保护用品。
(2) 工具、电气仪表准备齐全，正确使用。
(3) 操作规程符合安全文明操作。
(4) 按规定完成操作项目，质量达到技术要求。
(5) 操作完毕，做到“工完、料净、场地清”。

2. 准备要求

(1) 设备准备：

序 号	名 称	规 格	数 量	备 注
1	软启动柜	××	1个	
2	抽屉柜	××	1个	

(2) 材料准备：

序 号	名 称	规 格	数 量	备 注
1	绝缘胶布		3卷	
2	手套		2副	
3	绝缘手套		1副	
4	防爆胶泥		1袋	

(3) 工具、用具准备：

序 号	名 称	规 格	数 量	备 注
1	开口、梅花扳手		各1套	
2	平口、梅花起子		各1套	
3	活动扳手		1把	
4	万用表		1块	
5	绝缘摇表	500V	1块	
6	双臂电桥		1个	
7	试电笔		1支	
8	吹风机	2kW	1台	

3. 操作程序说明

1）软启动柜电源抽屉柜检查及维护

（1）断开抽屉柜内空气开关。

（2）检查空气开关和中间继电器等无发热现象。

（3）柜内各主回路和控制回路端子接触良好，无过热痕迹，接点螺丝紧固。

（4）主回路及控制回路插件无发热现象。

（5）清扫抽屉柜内灰尘。

（6）抽屉柜盘面指示灯及仪表完好。

（7）抽屉柜操作机构灵活。

（8）柜后各控制端子螺丝紧固。

2）软启动柜电缆、电机试验

（1）拆下软启动器输出端和电机处电缆，用 500V 摇表摇测电缆、电机对地和相间绝缘均不低于 0.5m；

（2）电机绝缘电阻的测定：选用 500V 兆欧表，如各相的始末端均引出机壳外，则应分别测量每相绕组对机壳及其相互间的绝缘电阻。如三相绕组已在电动机内部连接仅引出三个出线端，则测量所有绕组对机壳的绝缘电阻。测量后，应将绕组对地放电。对于 380V 电机，新电机应大于 1MΩ，旧电机应大于 0.5MΩ。

（3）直流电阻的测定：绕组的直流电阻用双臂电桥或单臂电桥测量。电阻在 1Ω 及以下时，必须采用双臂电桥测量。测量时，电动机的转子静止不动。定子绕组的电阻应在电机的出线上测量。直流电阻最大(或最小)一相电阻与三相电阻平均值差的绝对值不大于三相平均值的 2%。

3）软启动柜检查及日常维护

（1）断开软启动器柜内电源空开，确保主回路和控制回路无电。

（2）打开软启动器前面板，线路板用毛刷刷后再用风机除尘，注意不能风压过大，以免造成小的控制线绝缘磨坏，除尘后见本色。

（3）各接线螺丝紧固。

（4）检查主回路端子应接触良好，铜排连接处无过热痕迹，控制回路各插件不松动，连接可靠。

（5）检查电力电缆、控制电缆绝缘外护套无划伤痕迹或烧焦现象。

（6）检查操作面板与主板连接排线无损伤，无断线，显示信息清晰、完整。

（7）消弧罩检查：内部触点无烧焦、损坏，灭弧罩完好。

4）维护后空载试机

（1）恢复电气设备连接，关闭软启动器柜门。取下指示牌，低配室抽屉柜复位，给软启动器送电无异常。

（2）合软启动器柜内主电源空开，检查软启动器各参数正确。

（3）用面板控制方式空载启动软启动器，并用万用表检测输入、输出电压正常、平衡，三相输入电压不平衡度 <3%，三相输出电压不平衡度 <5%，钳形电流表检测三相电流平衡，

在正常范围。

4. 考核规定说明

(1) 如发现操作过程中可能发生重大违章(如人身伤害、环境污染、设备损坏等)，将终止操作。

(2) 考核采用百分制，考核项目得分按鉴定比重进行折算。

(3) 考核方式说明：本项目为实际操作题，考核过程按评分标准及操作过程进行评分。

(4) 考评技能说明：本项目主要测试考生对软启动柜的检查维护技能掌握的熟练程度。

5. 考核时限

(1) 准备工作：5min(不计入考核时间)。

(2) 正式操作时间：90min。

(3) 提前完成操作不加分，到时终止操作考核。

6. 评分记录表

检查维护软启动柜操作评分记录表

操作时间：90min　　　　考生：　　　　操作用时：

序号	考核内容	操作规程	评分要素	评分标准	配分	扣分	得分
1	准备	1. 穿戴好劳动保护用品； 2. 准备工具、用具：开口、梅花扳手，平口、梅花起子，活动扳手，万用表，绝缘摇表，双臂电桥，试电笔，吹风机	准备工具、用具	1. 劳动保护用品穿戴不规范扣5分； 2. 未准备工具及材料扣5分，多、少准备一件扣1分	5		
2	软启电源抽屉柜检查及维护	1. 断开抽屉柜内空气开关； 2. 检查空气开关和中间继电器等无发热现象； 3. 柜内各主回路和控制回路端子接触良好，无过热痕迹，接点螺丝紧固； 4. 主回路及控制回路插件无发热现象； 5. 清扫抽屉柜内灰尘； 6. 抽屉柜盘面指示灯及仪表完好； 7. 抽屉柜操作机构灵活； 8. 柜后各控制端子螺丝紧固	抽屉柜检查及维护	1. 抽屉柜检查及维护项目，每缺一项扣5分； 2. 抽屉柜检查及维护项目，每做错一项扣3分	15		

续表

序号	考核内容	操作规程	评分要素	评分标准	配分	扣分	得分
3	软启动柜电缆电机试验	1. 拆下软启动器输出端和电机处电缆，用500V摇表摇测电缆、电机对地和相间绝缘均不低于0.5 MΩ； 2. 电机绝缘电阻的测定：选用500V兆欧表，如各相的始末端均引出机壳外，则应分别测量每相绕组对机壳及其相互间的绝缘电阻；如三相绕组已在电动机内部连接仅引出三个出线端时，则测量所有绕组对机壳的绝缘电阻；测量后，应将绕组对地放电；对于380V电机，新电机应大于1MΩ，旧电机应大于0.5MΩ； 3. 直流电阻的测定：绕组的直流电阻用双臂电桥或单臂电桥测量；电阻在1Ω及以下时，必须采用双臂电桥测量；测量时，电动机的转子静止不动；定子绕组的电阻应在电机的出线上测量；直流电阻最大(或最小)一相电阻与三相电阻平均值差的绝对值不大于三相平均值的2%	软启动柜电缆电机试验	1. 不会对电缆进行绝缘电阻测定扣10分； 2. 不会对电动机进行直流电阻测定扣10分； 3. 电动机线圈直流电阻测定错误扣5分； 4. 不会对电动机进行绝缘电阻测定扣10分； 5. 电动机线圈绝缘电阻测定错误扣5分； 6. 未检查绝缘摇表扣5分； 7. 未检查双臂电桥扣5分	30		
4	软启动柜检查及日常维护	1. 断开软启动器柜内电源空开，确保主回路和控制回路无电； 2. 打开软启动器前面板，线路板用毛刷刷后再用风机除尘，注意不能风压过大，以免造成小的控制线绝缘磨坏，除尘后见本色； 3. 各接线螺丝紧固； 4. 检查主回路端子应接触良好，铜排连接处无过热痕迹，控制回路各插件不松动，连接可靠； 5. 检查电力电缆、控制电缆绝缘外护套无划伤痕迹或烧焦现象； 6. 检查操作面板与主板连接排线无损伤，无断线，显示信息清晰、完整； 7、消弧罩检查：内部触点无烧焦、损坏，灭弧罩完好	软启动柜检查及日常维护	1. 软启动柜检查及维护项目，每缺一项扣5分； 2. 软启动柜检查及维护项目，每做错一项扣3分	30		

续表

序号	考核内容	操作规程	评分要素	评分标准	配分	扣分	得分
5	软启动柜维护后空载试验	1. 恢复电气设备连接，关闭软启动器柜门。取下指示牌，低配室抽屉柜复位，给软启动器送电无异常； 2. 合软启动器柜内主电源空开，检查软启动器各参数正确； 3. 用面板控制方式空载启动软启动器，并用万用表检测输入、输出电压正常、平衡，三相输入电压不平衡度<3%，三相输出电压不平衡度<5%，钳形电流表检测三相电流平衡，在正常范围	维护后空载试验	1. 空载试验前送电顺序错误扣10分； 2. 不会检查输入、输出电压平衡度扣5分	10		
6	安全文明操作	1. 遵守国家或企业有关安全规定； 2. 操作过程中严格遵守“四不伤害”原则	遵守国家或企业有关安全规定	1. 每违反一项规定，从总分中扣5分； 2. 因操作不当造成人身伤害、环境污染、设备损坏，从总分中扣10分； 3. 严重违规终止操作	10		
合计					100		

考评员： 核分员： 年 月 日

五十三、软启动柜的故障判断及维修操作

1. 考核要求

(1) 必须穿戴劳动保护用品。
(2) 工具、电气仪表准备齐全，正确使用。
(3) 操作规程符合安全文明操作。
(4) 按规定完成操作项目，质量达到技术要求。
(5) 操作完毕，做到“工完、料净、场地清”。

2. 准备要求

(1) 设备准备：

序 号	名 称	规 格	数 量	备 注
1	软启动柜	××	1个	

(2) 材料准备：

序 号	名 称	规 格	数 量	备 注
1	绝缘胶布		3卷	
2	手套		2副	
3	绝缘手套		1副	
4	防爆胶泥		1袋	

(3) 工具、用具准备：

序 号	名 称	规 格	数 量	备 注
1	开口、梅花扳手		各1套	
2	平口、梅花起子		各1套	
3	活动扳手		1把	
4	万用表		1块	
5	绝缘摇表	500V	1块	
6	双臂电桥		1个	
7	试电笔		1支	

3. 操作程序说明

1）起动报缺相故障，软起动器故障灯亮，电机没反应

（1）起动方式采用带电方式时，操作顺序有误（正确操作顺序应为先送主电源，后送控制电源）。

（2）电源缺相，软起动器保护动作（检查电源）。

（3）软起动器的输出端未接负载（输出端接上负载后软起动器才能正常工作）。

2）出现起动完毕，旁路接触器不吸合现象

（1）在起动过程中，保护装置因整定偏小出现误动作（将保护装置重新整定即可）。

（2）在调试时，软起动器的参数设置不合理（主要针对的是55kW以下的软起动器，对软起动器的参数重新设置）。

（3）控制线路接触不良（检查控制线路）。

3）起动过程中，出现跳空气开关的现象

（1）空气开关长延时的整定值过小或者是空气开关选型和电机不配（空气开关的参数适量放大或者空气开关重新选型）。

（2）软起动器的起始电压参数设置过高或者起动时间过长（根据负载情况将起始电压适当调小或者起动时间适当缩短）。

（3）在起动过程中因电网电压波动比较大，易引起软起动器发出错误指令，出现提前旁路现象（建议用户不要同时起动大功率的电机）。

（4）起动时满负载起动（起动时尽量减轻负载）。

4）出现显示屏无显示或者是出现乱码，软起动器不工作

（1）软起动器在使用过程中因外部元件所产生的震动使软起动器内部连线震松（打开软起动器的面盖将显示屏连线重新插紧即可）。

（2）软起动器控制板故障（和厂家联系更换控制板）。

5）软起动器在起动时报故障，软起动器不工作，电机没有反应

（1）电机缺相（检查电机和外围电路）。

（2）软起动器内主元件可控硅短路（检查电机以及电网电压是否有异常。和厂家联系更换可控硅）。

（3）滤波板击穿短路（更换滤波板即可）。

6）软起动器在起动负载时，出现起动超时

（1）参数设置不合理（重新整定参数，起始电压适当升高，时间适当加长）。

（2）起动时满负载起动（起动时应尽量减轻负载）。

7）在起动过程中，出现电流不稳定，电流过大

（1）电流表指示不准确或者与互感器不相匹配（更换新的电流表）。

（2）电网电压不稳定，波动比较大，引起软起动器误动作（和厂家联系更换控制板）。

（3）软起动器参数设置不合理（重新整定参数）。

8）软起动器出现重复起动

在起动过程中外围保护元件动作，接触器不能吸合，导致软起动器出现重复起动（检查外围元件和线路）。

9）在起动时出现过热故障灯亮，软起动器停止工作

（1）起动频繁，导致温度过高，引起软起动器过热保护动作（软起动器的起动次数要控制在每小时不超过 6 次，特别是重负载一定要注意）。

（2）在起动过程中，保护元件动作，使接触器不能旁路，软起动器长时间工作，引起保护动作（检查外围电路）。

（3）负载过重起动时间过长引起过热保护（起动时，尽可能的减轻负载）。

（4）软起动器的参数整定不合理，时间过长，起始电压过低（将起始电压升高）。

（5）软起动器的散热风扇损坏，不能正常工作（更换风扇）。

4. 考核规定说明

（1）如发现操作过程中可能发生重大违章（如人身伤害、环境污染、设备损坏等），将终止操作。

（2）考核采用百分制，考核项目得分按鉴定比重进行折算。

（3）考核方式说明：本项目为实际操作题，考核过程按评分标准及操作过程进行评分。

（4）考评技能说明：本项目主要测试考生对软启动柜的故障判断及维修技能掌握的熟练程度。

5. 考核时限

（1）准备工作：5min（不计入考核时间）。

（2）正式操作时间：60min。

（3）提前完成操作不加分，到时终止操作考核。

6. 评分记录表

软启动柜的故障判断及维修操作评分记录表

操作时间：60min　　　　考生：　　　　操作用时：

序号	考核内容	操作规程	评分要素	评分标准	配分	扣分	得分
1	准备	1. 穿戴好劳动保护用品； 2. 准备工具、用具：开口、梅花扳手，平口、梅花起子，活动扳手，万用表，绝缘摇表，双臂电桥，试电笔	准备工具、用具	1. 劳动保护用品穿戴不规范扣 5 分； 2. 未准备工具及材料扣 5 分，多、少准备一件扣 1 分	5		
2	起动器缺相故障	1. 起动方式采用带电方式时，操作顺序有误（正确操作顺序应为先送主电源，后送控制电源）； 2. 电源缺相，软起动器保护动作（检查电源）； 3. 软起动器的输出端未接负载（输出端接上负载后软起动器才能正常工作）	起动报缺相故障	分析、查找故障原因，每少一项扣 5 分	5		

续表

序号	考核内容	操作规程	评分要素	评分标准	配分	扣分	得分
3	旁路接触器不吸合	1. 在起动过程中，保护装置因整定偏小出现误动作(将保护装置重新整定即可)； 2. 在调试时，软起动器的参数设置不合理(主要针对的是55kW以下的软起动器，对软起动器的参数重新设置)； 3. 控制线路接触不良(检查控制线路)	旁路接触器不吸合	分析、查找故障原因，每少一项扣5分	10		
4	跳空气开关	1. 空气开关长延时的整定值过小或者是空气开关选型和电机不配(空气开关的参数适量放大或者空气开关重新选型)； 2. 软起动器的起始电压参数设置过高或者起动时间过长(根据负载情况将起始电压适当调小或者起动时间适当缩短)； 3. 在起动过程中因电网电压波动比较大，易引起软起动器发出错误指令，出现提前旁路现象(建议用户不要同时起动大功率的电机)； 4. 起动时满负载起动(起动时尽量减轻负载)	跳空气开关	分析、查找故障原因，每少一项扣5分	10		
5	显示屏无显示或者是出现乱码	1. 软起动器在使用过程中因外部元件所产生的震动使软起动器内部连线震松(打开软起动器的面盖将显示屏连线重新插紧即可)； 2. 软起动器控制板故障(和厂家联系更换控制板)	显示屏无显示或者是出现乱码	分析、查找故障原因，每少一项扣5分	10		
6	起动器在起动时报故障	1. 电机缺相(检查电机和外围电路)； 2. 软起动器内主元件可控硅短路(检查电机以及电网电压是否有异常，和厂家联系更换可控硅)； 3. 滤波板击穿短路(更换滤波板即可)	起动器在起动时报故障	分析、查找故障原因，每少一项扣5分	10		

续表

序号	考核内容	操作规程	评分要素	评分标准	配分	扣分	得分
7	出现起动超时	1. 参数设置不合理（重新整定参数，起始电压适当升高，时间适当加长）； 2. 起动时满负载起动（起动时应尽量减轻负载）	出现起动超时	分析、查找故障原因，每少一项扣5分	10		
8	起动过程中电流不稳定电流过大	1. 电流表指示不准确或者与互感器不相匹配（更换新的电流表）； 2. 电网电压不稳定，波动比较大，引起软起动器误动作（和厂家联系更换控制板）； 3. 软起动器参数设置不合理（重新整定参数）	电流不稳定电流过大	分析、查找故障原因，每少一项扣5分	10		
9	软起动器出现重复起动	在起动过程中外围保护元件动作，接触器不能吸合，导致软起动器出现重复起动（检查外围元件和线路）	出现重复起动	分析、查找故障原因，每少一项扣5分	10		
10	起动时出现过热故障	1. 起动频繁，导致温度过高，引起软起动器过热保护动作（软起动器的起动次数要控制在每小时不超过6次，特别是重负载一定要注意）； 2. 在起动过程中，保护元件动作，使接触器不能旁路，软起动器长时间工作，引起保护动作（检查外围电路）； 3. 负载过重起动时间过长引起过热保护（起动时，尽可能的减轻负载）； 4. 软起动器的参数整定不合理，时间过长，起始电压过低（将起始电压升高）； 5. 软起动器的散热风扇损坏，不能正常工作（更换风扇）	起动时出现过热故障	分析、查找故障原因，每少一项扣5分	10		
11	安全文明操作	1. 遵守国家或企业有关安全规定； 2. 操作过程中严格遵守“四不伤害”原则	遵守国家或企业有关安全规定	1. 每违反一项规定，从总分中扣5分； 2. 因操作不当造成人身伤害、环境污染、设备损坏，从总分中扣10分； 3. 严重违规终止操作	10		
合　计					100		

考评员：　　　　　　　　　　核分员：　　　　　　　　　　年　月　日

五十四、智能低压断路器的使用及定值设定操作

1. 考核要求

(1) 必须穿戴劳动保护用品。
(2) 工具、电气仪表准备齐全，正确使用。
(3) 操作规程符合安全文明操作。
(4) 按规定完成操作项目，质量达到技术要求。
(5) 操作完毕，做到“工完、料净、场地清”。

2. 准备要求

(1) 设备准备：

序号	名称	规格	数量	备注
1	智能低压断路器(M型)	××	1台	
2	智能低压断路器(L型)	××	1台	

(2) 材料准备：

序号	名称	规格	数量	备注
1	绝缘胶布		3卷	
2	手套		2副	
3	绝缘手套		1副	

(3) 工具、用具准备：

序号	名称	规格	数量	备注
1	开口、梅花扳手		各1套	
2	平口、梅花起子		各1套	
3	活动扳手		1把	
4	万用表		1块	
5	试电笔		1支	

3. 操作程序说明

1）L 型控制器参数设置

（1）L 型控制器各种保护电流值和时间值设置时，应用专用工具（小型钟表用螺丝刀）旋转编码开关使其指向对应保护参数的刻度值。

（2）具体操作步骤如下：整定好后编码开关，其中拨动开关中的小黑点对应其下面图示的短线。所用的螺丝刀应为较小的钟表螺丝刀，旋转或拨动时不得停留在两刻度值的中间位置。

2）M 型控制器保护参数查询和设置

（1）用控制器面板上的“设定、+、-、贮存”四个功能键可对各种保护设定参数进行设定。

（2）进入参数查询状态：按“设定”键可循环察看设定参数值。

（3）参数修改存储：在相应的保护参数查询状态按“+”和“-”键调整显示参数，直到调整为所需值或最接近的值为止，再按一下“贮存”键，贮存指示灯闪烁一次表示调整参数已被存储。

（4）控制器保护参数的查询或修改必须在控制器非报警或故障界面，如断路器有故障未排除则不能进行查询或修改。

3）M 型控制器故障检查操作

（1）摇测控制器在正常运行状态，可察看最后一次的故障脱扣记录，按一次“故障检查”键指示和显示上次发生故障的参数，按“选择 1”键可循环查看故障电流值和脱扣时间值。

（2）控制器发生故障分闸时一定要记录故障界面的相关参数来分析故障类型、故障电流、故障动作时间和参数设定之间的关系。

4）M 型控制器试验功能操作

（1）控制器可分别模拟长延时、短延时、瞬动和接地故障试验，试验分脱扣和不脱扣两种。

（2）试验操作步序：进入参数查询状态，参数修改，按“脱扣”或“不脱扣”进行试验脱扣或试验不脱扣试验。

4. 考核规定说明

（1）如发现操作过程中可能发生重大违章（如人身伤害、设备损坏等），将终止操作。

（2）考核采用百分制，考核项目得分按鉴定比重进行折算。

（3）考核方式说明：本项目为实际操作题，考核过程按评分标准及操作过程进行评分。

（4）考评技能说明：本项目主要测试考生对智能低压断路器的使用及定值设定技能掌握的熟练程度。

5. 考核时限

（1）准备工作：5min（不计入考核时间）。

（2）正式操作时间：30min。

（3）提前完成操作不加分，到时终止操作考核。

6. 评分记录表

智能低压断路器的使用及定值设定操作评分记录表

操作时间：30min　　考生：　　操作用时：

序号	考核内容	操作规程	评分要素	评分标准	配分	扣分	得分
1	准备	1. 穿戴好劳动保护用品； 2. 准备工具、用具：开口、梅花扳手，平口、梅花起子，活动扳手，万用表，试电笔	准备工具、用具	1. 劳动保护用品穿戴不规范扣5分； 2. 未准备工具及材料扣5分，多、少准备一件扣1分	5		
2	L型控制器参数设置	1. L型控制器各种保护电流值和时间值设置时，应用专用工具(小型钟表用螺丝刀)旋转编码开关使其指向对应保护参数的刻度值； 2. 具体操作步骤如下，整定好后编码开关，其中拨动开关中的小黑点对应其下面图示的短线；所用的螺丝刀应为较小的钟表螺丝刀，旋转或拨动时不得停留在两刻度值的中间位置	L型控制器参数设置	1. 不会对控制器保护电流值设置，每项扣5分； 2. 不会对控制器时间值设置，每项扣5分； 3. 保护参数的刻度值停留在两刻度值的中间位置扣10分	15		
3	M型控制器保护参数查询和设置	1. 用控制器面板上的“设定、+、-、贮存”四个功能键可对各种保护设定参数进行设定； 2. 进入参数查询状态：按“设定”键可循环察看设定参数值； 3. 参数修改存储：在相应的保护参数查询状态按“+”和“-”键调整显示参数，直到调整为所需值或最接近的值为止，再按一下“贮存”键，贮存指示灯闪烁一次表示调整参数已被存储； 4. 控制器保护参数的查询或修改必须在控制器非报警或故障界面，如断路器有故障未排除则不能进行查询或修改	M型控制器保护参数查询和设置	1. 不会循环察看设定参数值扣10分； 2. 不会参数修改存储，每项扣10分； 3. 在控制器报警或故障界面查询或修改参数扣10分	30		

续表

序号	考核内容	操作规程	评分要素	评分标准	配分	扣分	得分
4	M型控制器故障检查操作	1. 控制器在正常运行状态，可察看最后一次的故障脱扣记录，按一次“故障检查”键指示和显示上次发生故障的参数，按“选择1”键可循环查看故障电流值和脱扣时间值； 2. 控制器发生故障分闸时一定要记录故障界面的相关参数，来分析故障类型、故障电流、故障动作时间和参数设定之间的关系	M型控制器故障检查	1. 不会察看故障脱扣记录扣10分； 2. 不会记录故障界面的相关参数扣10分	30		
5	M型控制器试验功能操作	1. 控制器可分别模拟长延时、短延时、瞬动和接地故障试验，试验分脱扣和不脱扣两种； 2. 试验操作步序：进入参数查询状态，参数修改，按“脱扣”或“不脱扣”进行试验	M型控制器试验功能	1. 不会模拟长延时、短延时、瞬动和接地故障试验，每项扣10分； 2. 不会按“脱扣”或“不脱扣”进行试验，每项扣10分	10		
6	安全文明操作	1. 遵守国家或企业有关安全规定； 2. 操作过程中严格遵守“四不伤害”原则	遵守国家或企业有关安全规定	1. 每违反一项规定，从总分中扣5分； 2. 因操作不当造成人身伤害、环境污染、设备损坏，从总分中扣10分； 3. 严重违规终止操作	10		
合　计					100		

考评员：　　　　　　　　核分员：　　　　　　　　年　月　日